「超」入門
失敗の本質

日本軍と現代日本に共通する23の組織的ジレンマ

鈴木博毅

ダイヤモンド社

日本人は今こそ、過去の失敗から学ばなければならない。

失敗の本質とは?

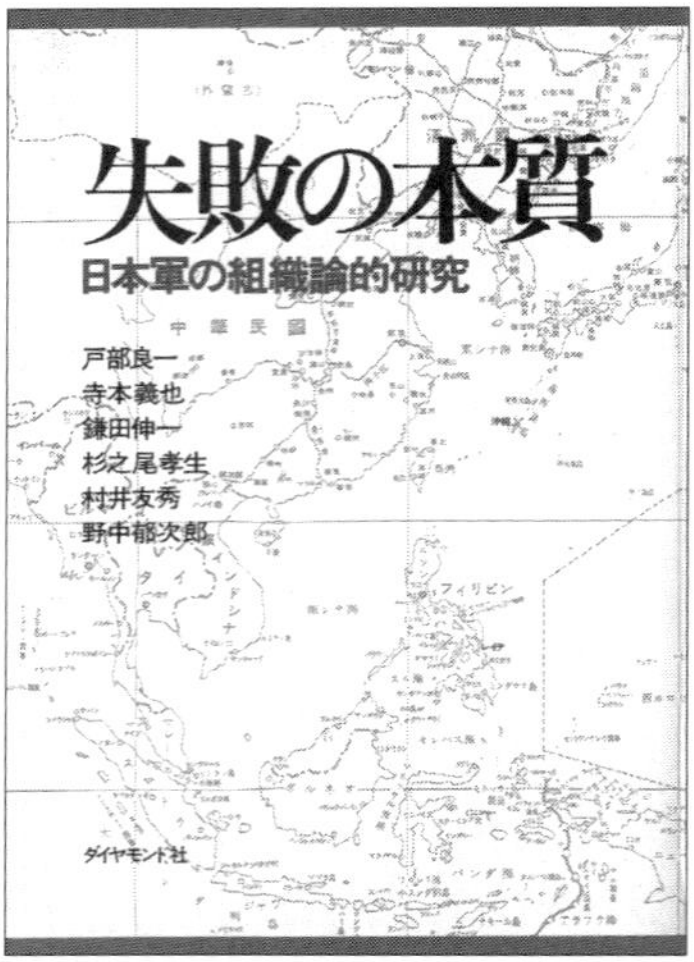

(ダイヤモンド社／1984年初版発行)

失敗の本質
日本軍の組織論的研究

戸部良一、寺本義也、鎌田伸一、杉之尾孝生、
村井友秀、野中郁次郎・著

大東亜戦争における日本軍の組織的な失敗を分析した書籍。なぜ開戦に至ったかではなく、開戦後の日本の作戦における「戦い方」を対象に、組織としての日本軍の失敗を研究している。その考察は現代日本の組織にとっても教訓となることが多い。

序章

日本は「最大の失敗」から本当に学んだのか？

戦時下の日本軍と現代日本の恐るべき共通点

現代日本人のための『失敗の本質』の入り口

「『失敗の本質』って、ビジネスにどう使えますか？」


ある経営者の方から、私が以前受けた質問です。

尊敬する先輩経営者から、『失敗の本質』を読むように勧められたとのこと。

実際に読んでみて、ヒントはあると感じるが、具体的にどう自分の会社に活かしていいのかわからない、と。

本書は名著『失敗の本質』から、私がビジネス戦略・組織論のコンサルタントとしてどのようなことを学び、仕事の現場で活かしてきたかを解説しながら、皆さんとともに学んでいく書籍です。


御存知の通り『失敗の本質』は、日本が約七〇年前に経験した大東亜戦争時の、日本軍の組織論を分析した本です。ケタ違いの規模、劇的な展開、人類が経験した最も悲惨かつ残酷な戦争である第二次世界大戦において、なぜ日本が負けたのかを、国力の差ではなく、作戦や組織による「戦い方」の視点から解説しています。

なぜ負けたのかを、物量の差や一部のリーダーによる誤判断のせいにして片づけることなく、そうした誤判断を許容した日本軍という組織の特性を明らかにすることで、戦後の日本の組織一般にも無批判に継承された、この国特有の組織のあり方を分析しています。

第二次世界大戦の全世界での死亡者数は六〇〇〇万人前後、大東亜戦争で戦死した日本人は二〇〇万人前後、一般市民を合わせると日本人で亡くなった方は三〇〇万人を超えるともいわれています。

広島・長崎の原爆投下では、一瞬で二〇万人近い一般市民が死亡、後遺症等を含めると、二〇一一年八月までに二都市で四〇万人以上の方が原爆の犠牲となりました。

死者数を見ても、大東亜戦争は長い日本の歴史上最も悲惨な出来事だといえるでしょう。日本という国家、日本人という民族が経験した未曾有の悲劇が大東亜戦争だったのです。

大東亜戦争における日本軍の「六つの作戦」（ノモンハン事件、ミッドウェー作戦、ガダルカナル作戦、インパール作戦、レイテ海戦、沖縄戦）を分析した『失敗の本質』では、組織の敗因と失敗の原因について精緻な解説を読むことができます。

刻々と変化する敵情、戦場の推移、大規模な機械化部隊の高速展開、新兵器の登場、さらに武器を運用する思想の進化。

生死が隣り合わせの極限状態である戦場では、いくつもの「想定外の変化」を乗り越えてゴールに到達する能力が、何より求められていたのではないでしょうか。

それらを乗り越えられない組織は、やがて消滅する運命を迎えます。

本書は現代の日本人のために、『失敗の本質』が描く組織論のエッセンスを二三のポイントに絞ってわかりやすく抽出していきます。

「想定外の変化」に対応する組織だけが生き残る

なぜ、今新たに『失敗の本質』から学ぶのか？

それは、想定外の連続する新たな時代を、あなたの組織が強く生き抜くためです。

日本は現在、「想定外」という言葉を何度使うべきか迷うほどの危機的な状態です。製造業を圧迫する超円高、高齢化社会、経済大国であった時代の終焉、出口の見えない長期不況。ひとことで言えば、これまでのやり方が通用しなくなっています。

大東亜戦争時の日本軍は初期の快進撃から一転、守勢に立ったのちは「これまでの戦闘方法が通用しない」状態に大混乱し、突破口を見つけることができずに敗戦を迎えました。日本製品が世界を席巻した一九八〇年までの成長神話の崩壊から、新しい時代への展開を必死で模索する現代日本は、名著『失敗の本質』が警鐘を鳴らした日本軍と同じ弱点を露呈しているかのようです。

ただ、『失敗の本質』は素晴らしい示唆を豊富に含みながらも少し難解であり、最後まで読み通した方、完全な理解ができている方は少ないかもしれません。

本書はポイントをダイジェストでまとめ、忙しいビジネスパーソンが『失敗の本質』を仕事で役立てられることを目的としています。

ダーウィンの進化論のように、強い組織や大きな組織ではなく、変化に対応できる組織が生き残る時代へ——。

本書は、大東亜戦争の勝敗を決めた要因の中で、「単純な物量や技術力の差」以外の要素に目を向けていきます。なぜなら、単純な物量や技術力は現代製造業で成功した日本がすでに備えているものだからです。

大東亜戦争においても、物量や技術力の差は敗因の一つですが、失敗の本質そのものではなく、真の要因は日本的な思考法や日本人特有の組織論、リーダーシップにあると考えられるのです。

東日本大震災でも引き合いに出された『失敗の本質』

未曽有の危機こそ『失敗の本質』の示唆は輝きを増します。

マグニチュード9・0、日本観測史上で最大の地震。二〇一一年三月、宮城県沖を震源地とする、東北地方太平洋沖地震は死者・行方不明者あわせて二万人近くの犠牲者を記録しました。

日本を震撼させた大震災をきっかけにして、水面下で抱えてきた多くの社会問題、経済の課題、国民生活や政治組織の問題が一気に噴出していると、私たち日本人は感じているのではないでしょうか。

「第三の敗戦」とは、作家としても有名な堺屋太一氏が、下り坂の二〇年の末にきた東日本大震災を表現した言葉です。第一の敗戦は幕末、第二の敗戦は太平洋戦争（大東亜戦争）なのだそうです。

大戦後の焼け野原の時代以降、日本は経済的発展を遂げ、世界に冠たるモノづくり大国として企業と製品の認知度を国際的に高めてきました。

繁栄のあと、経済の長い沈滞に追い打ちをかけるように起きた大震災を「戦後時代の終わり」と位置づけている日本人も多いはずです。

大震災の直後、日本政府首脳陣の度重なる判断ミスを、複数の識者が『失敗の本質』を引き合いに出して検証した事例もありました。

七〇年前の日本軍が抱えていた多くの問題や組織の病根と、現代の私たちが直面している新たな問題。両者に「隠れた共通の構造」があることを見抜いている方も決して少なくないと思います。

日本人は危機的状況に弱いのか？

一九八四年に初版が発売された『失敗の本質』には、まるで現代日本の危機への弱さを予言するかのような鋭い記述があります。

「しかし、将来、危機的状況に迫られた場合、日本軍に集中的に表現された組織原理によって生き残ることができるかどうかは、大いに疑問となるところであろう。日本軍の組織原理を無批判に導入した現代日本の組織一般が、平時的状況のもとでは有効かつ順調に機能しえたとしても、危機が生じたときは、大東亜戦争で日本軍が露呈した組織的欠陥を再び表面化させないという保証はない」（『失敗の本質』序章より）

想定外の変化、突然の危機的状況への日本組織の脆弱さをズバリ指摘する言葉です。残念なことに私たちは、先の指摘をまさに連想させるような日本企業の失敗を新聞や経済誌で幾度も目にしている現状を認めざるを得ません。

最前線が抱える問題の深刻さを中央本部が正しく認識できず、「上から」の権威を振り回し最善策を検討しない。部署間の利害関係や責任問題の誤魔化しが優先され、変革を行うリーダーが不在。『失敗の本質』で描かれた日本組織の病根は、いまだ完治していないと皆さんも感じないでしょうか。

日本軍も日本企業も「転換点」に弱い

ガダルカナル作戦は『失敗の本質』で紹介された六つの日本軍の作戦の一つですが、激戦地となった島は、日本からの距離約六〇〇〇キロの南西、南太平洋ソロモン諸島の中心に位置します。補給計画がなく餓死者の続出したインパール作戦も、日本から約五〇〇〇キロのビルマ（現ミャンマー）とインドの国境地帯が戦場です。

零戦部隊で有名なラバウル基地は、現在のパプアニューギニア・ニューブリテン島の北東端、オーストラリアに近い場所。空母四隻を失ったミッドウェー作戦はハワイの北西、日付変更線に近い北太平洋の中央部。

想像を絶する範囲、東南アジアからインド、太平洋各所で日本は激戦を展開しました。

さらに、戦線が短期間で急速に膨張したことにも注目したいところです。

日本軍が本格的に戦線拡大を開始したのは一九三七年の日中戦争（支那事変）以降ですが、五年後の一九四二年には展開地・占領地は面積的にも極大に達します。

そのわずか三年後の六月には沖縄が陥落し、同年敗戦を迎えました。

五年で展開地域を太平洋、印領国境インド洋、オーストラリア周辺まで遠路拡大し、三年後には日本の歴史上最大の敗戦を受け入れるという、前半・後半での驚くべき明暗。

順調なときには強く全面展開しつつも、環境の転換期には一転して閉塞感に陥り、突破口を見出せない姿は、日本の企業活動全般にも顕著な傾向です。

なぜ、日本人は「転換点」に弱いのか？

日本軍と日本企業に共通する明暗

日本軍

前半1937〜	**開戦**(日中戦争〜)…中国、東南アジアから太平洋沖まで領地拡大
後半1942〜1945	**終戦**(ミッドウェー海戦〜)…敗北を分析できずに雪崩を打って敗戦へ

共通の構造

日本企業

1970〜1980年代	**高度経済成長**(世界進出)…モノづくり大国ニッポン ジャパン・アズ・ナンバーワン
1990〜現在	**世界経済危機**(失われた20年)…お家芸だった製造業が国際競争で次々と敗れ、巨大な閉塞感。

理由は本書を通して解説していきますが、日本人の思考と日本の組織特有の弱点が、転換点で急速に露呈することは『失敗の本質』が鋭く指摘した通りです。

戦略論であり「日本人特有の文化論」でもある

私たち現代日本人と、大東亜戦争を戦った日本軍の組織は違うといえるでしょうか？最前線、現場の日本兵は文字通り決死の覚悟で戦い続けました。それでも「組織的な欠陥」によるマイナスを補うことはできなかった冷徹な事実があります。

『失敗の本質』は、目標として「組織としての日本軍の遺産を批判的に継承もしくは拒絶すること」と記述しています。

本書は『失敗の本質』という偉大な書籍が世に出てから三〇年近くを経過した現代で、私たち日本人全員が『失敗の本質』から「本当に学ぶことができているか」を検証することも狙いとしています。

日本の組織で繰り返される失敗と『失敗の本質』が分析した日本軍の敗北。同様の事例が起きるたびに、『失敗の本質』には日本人論としての重要な側面があることを、私たちは何度も思い知らされます。

『失敗の本質』から学ぶ「敗戦七つの理由」

時代の転換点で日本軍は負けたのだ、という主旨の言葉で結論づけるのは簡単です。大切なのは、貴重な教訓から私たちが「次の失敗」をどれほど上手く避けることができるか、具体策を引き出すことではないでしょうか。

変化に直面している会社、過去に成功した組織が内部で抱える次の失敗を避け、新たなイノベーションを成し遂げる方法を明らかにする。それこそが本書の最終目標であり、『失敗の本質』をビジネスをはじめとするさまざまな局面で活用するために必要なことだと考えています。

本書は、『失敗の本質』をすぐ使えるように、次の七つの視点で紐解きます。

第一章「戦略性」

日本人は「大きく考える」ことが苦手であり、俯瞰的な視点から最終目標への道筋をつくり上げることに失敗しがちです。この章では、日本人の「戦略性の弱さ」について解説します。

第二章「思考法」

日本人は革新が苦手で練磨が得意。行き詰まりを見せる日本的思考法から脱却するためにも、イノベーションへの導入として、「日本人特有の思考法」を解説します。

第三章「イノベーション」

自分たちでルールをつくり出すことができず、既存のルールに習熟することばかりを目指す日本人の気質。日本軍が米軍に「戦い方」において敗れた理由を読み解きます。

第四章「型の伝承」

創造ではなく「方法」に依存する日本人。私たちの文化と組織意識の中には、イノベーションの芽を潰してしまう要素があることを明らかにしていきます。

第五章「組織運営」

日本軍の上層部は、現場活用が徹底的に下手でした。組織の中央部と現場をどう結び付け、いかに勝利に近づけるかを考えます。

第六章「リーダーシップ」

現実を直視しつつ、優れた判断を下すことが常に求められる戦場。正しい方向性に組織を引っ張り、環境変化を乗り越えるためにリーダーが行うべきことについて解説します。

第七章「日本的メンタリティ」

「空気」の存在や、厳しい現実から目を背ける危険な思考への集団感染、そして日本軍の敗北を象徴する「リスク管理の誤解」について考えます。

新たな転換期を迎えた世界と現代日本。この国を覆う巨大な閉塞感の正体は、組織運営の基盤が「あのとき」とまるで変わっていないことで、再び生み出されたものだと感じます。

しかし、今回の転換点には、私たち日本人は絶対に勝たなければいけません。

名著『失敗の本質』は、そのためにこそ書かれたのですから。

私たち日本人は大転換期に勝つ準備ができているはずなのです。

今こそ、転換期で飛躍するために、『失敗の本質』から打開策を学んでいただきたいと思います。

『失敗の本質』から学ぶ7つの敗因

- **1章　戦略性**　▶ 戦術・主義を超えるもの
- **2章　思考法**　▶ 練磨と改善からの脱却
- **3章　イノベーション**　▶ 既存の指標を覆す視点
- **4章　型の伝承**　▶ 創造的な組織文化へ
- **5章　組織運営**　▶ 勝利につながる現場活用
- **6章　リーダーシップ**　▶ 環境変化に対応するリーダーの役割
- **7章　メンタリティ**　▶ 「空気」への対応とリスク管理

序章 日本は「最大の失敗」から本当に学んだのか？

第1章 なぜ「戦略」が曖昧なのか？

CONTENTS

第2章 なぜ、「日本的思考」は変化に対応できないのか？

CONTENTS

第3章 なぜ、「イノベーション」が生まれないのか？

第4章 なぜ「型の伝承」を優先してしまうのか？

CONTENTS

第5章
なぜ、「現場」を上手に活用できないのか？

CONTENTS

第6章 なぜ「真のリーダーシップ」が存在しないのか？

第7章 なぜ「集団の空気」に支配されるのか？

CONTENTS

ざっくり知っておきたい戦史

1937年　盧溝橋事件が勃発して日中戦争開戦
（中国大陸における領地拡大）

1939年　日ソ国境紛争、ノモンハン事件が発生

1941年　真珠湾を攻撃し、米英に宣戦布告（米太平洋艦隊ほぼ全滅）
マレー作戦に勝利。フィリピンのマニラを攻略

1942年　蘭領インドネシアに進出。スラバヤ沖・バタビア沖海戦で勝利
英領ビルマ侵攻、全土制圧。資源地帯を確保

1942年　ラバウル（パプアニューギニア）制圧
セイロン沖海戦で英東洋艦隊に勝利

珊瑚海海戦で米空母レキシントンを撃沈するが損傷多く、
ポートモレスビー攻略を断念
ミッドウェー作戦で空母4隻を失う
ガダルカナル作戦で陸軍壊滅。一大消耗戦へ

1943年　ラバウル航空基地が消耗

1944年　連合艦隊の根拠地トラック島が大空襲で喪失

1944年　インパール作戦でビルマ防衛線が崩壊
サイパン島が玉砕
レイテ海戦が失敗。神風特攻攻撃が本格化
米軍はフィリピン奪回、マリアナ諸島入手
B29による日本本土への空襲開始

1945年　硫黄島陥落
沖縄戦で敗北
広島・長崎への原爆投下。敗戦

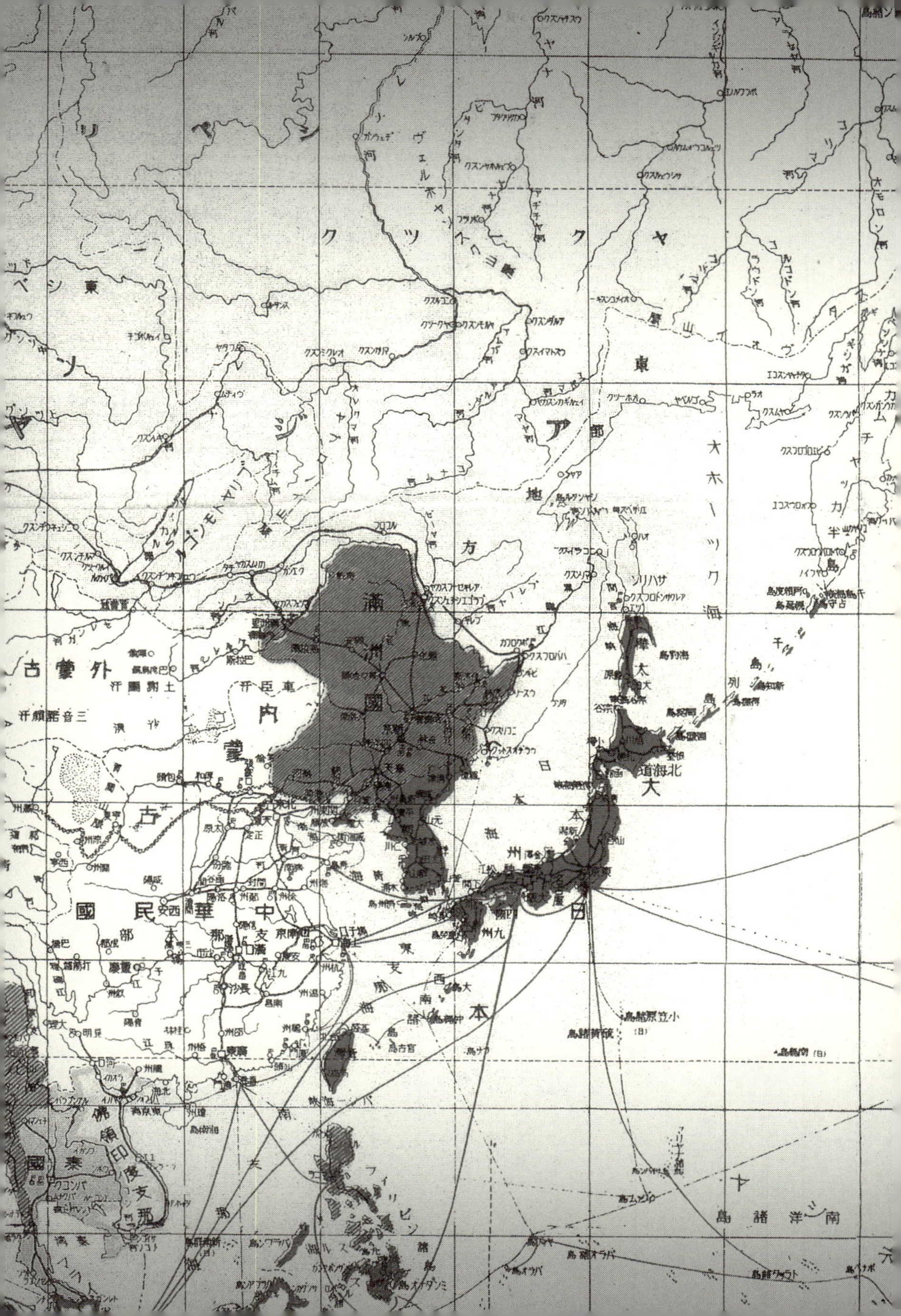

東シベリヤ
ヤクーツク
オホーツク海
カムチャツカ半島
千島列島
樺太
北海道
満洲國
外蒙古
内蒙古
日本海
本州
九州
中華民國
東支那海
南西諸島
小笠原諸島
硫黄諸島
南鳥島
南洋諸島
フィリピン
佛領印度支那
泰國

※『失敗の本質』では、「ノモンハンは、大東亜戦争には含まれないが、その作戦失敗の内容から見て、大東亜戦争におけるいくつかの作戦の失敗を予告していたと考えられる」として失敗例の６つの作戦の一つに加えている

1944年

04 インパール作戦

行う必要のなかった作戦が日本軍の情緒主義から生まれ、結果的に膨大な犠牲を払うことになったずさんな戦い。

1944年

05 レイテ海戦

大艦隊による起死回生の一大作戦だったが、統一指揮がないまま戦艦「大和」の「謎の反転」で終わる史上最大の海戦。

1945年

06 沖縄戦

当初善戦しつつも、大本営と現地軍の認識のズレ、意思の不統一から敗北を生み出した悲惨極まる国土戦。

失敗例としての「6つの作戦」

1939年

01 ノモンハン事件

大本営の方針が不明確で、中央と現地のコミュニケーションが有効に機能しなかった失敗の序曲。

1942年

02 ミッドウェー作戦

米軍に暗号を解読され、不測の事態に有効に対応できずに太平洋の主導権を喪失した海戦のターニングポイント。

1942年

03 ガダルカナル作戦

米軍の戦力を過少に判断、陸軍・海軍がバラバラの状態のまま壊滅的な打撃を受けた陸戦のターニングポイント。

第1章
なぜ「戦略」が曖昧なのか？
プロフェッショナル暴走の謎

失敗の本質

01

戦略の失敗は戦術で補えない

なぜ、日本軍はすべてが曖昧なのか？

私たち日本人が『失敗の本質』を読んで最初に感じる点は、「日本軍の戦略があまりに曖昧だった」ということでしょう。

事実、本の中でもさまざまな角度から指摘されていますが、歴史をのちに振り返ることがややアンフェアであるとしても、「戦略の曖昧さ」は極めて大きな疑問です。

さらに、日本軍がどのような戦略を持っていたかは説明が難しく、七〇年以上を経過した現時点でも、日本軍がどうして「そのような方向」へ向かって行動したのか、わからないことも多々あります。

日本軍の展開地域が遥か遠方まで到達していたことは序章でも述べましたが、もし日本軍が「曖昧な戦略」しか持っていなければ、どうしてそれほど広大な地域を（一時的にでも）占領統治することになったのでしょうか。

第一章では、日米の戦闘の推移から「戦略」について考え、日本人がなぜ戦略的に物事を考えることが苦手であるのか、その答えを見つけたいと思います。

目標達成につながらない「勝利」の存在

一つだけはっきりしていることは、「戦略」が明確であれば目標達成を加速させる効果を生み、逆に曖昧ならば混乱と敗北を生み出すことです。米軍は戦局の後半から優位になるのに対して、日本軍は一方的な敗北ばかりが増えました。

「戦略」とは何かが正しくわかれば、日本軍の前半の快進撃や、米軍の後半の大逆転の原因も理解できるのではないでしょうか。さらにその理解をビジネスでどう使うことができるかも、重要な点でしょう。

『失敗の本質』で指摘される日本軍の迷走から見えること。その一つは、「目標達成につながらない勝利」の存在です。

日本は「真珠湾攻撃」も含めて、開戦初期には比較的多くの戦闘で勝利しました。また、太平洋の南洋諸島を、委任統治領としたことで多数の基地を建設しています。

しかし、南洋諸島において実際に日本軍が駐留していた二五の島のうち、米軍が上陸占拠をしたのは、たった八島にすぎず、残りの一七島は戦力のみを無力化して放置されました。

東南アジア、香港以降シンガポール、タイ、そしてインド国境のインパールまで進軍を行う日本軍は、その進軍を実現するために「勝利」を積み重ねたはずですが、それらの勝利は結局すべて無に帰することになったのです。

米　軍　「目標達成につながる勝利」が多かった
日本軍　「目標達成につながる勝利」が少なかった

なぜこのような結果になってしまったのか、どうして日本軍には「目標達成につながらない勝利」が多く存在したのでしょうか。

日本軍の努力の七〇％は無意味だった

太平洋の覇権をかけて日米が激突したミッドウェー作戦では、日本の連合艦隊が戦力的に優勢でした。

しかし、実際の戦闘では、暗号が直前でほぼ解読され、日本軍は空母を先に撃沈されて惨敗します。一方で日本はミッドウェー島の空爆には成功しますが、米軍機による警戒とレーダー監視により米軍航空機はすべて退避しており、実質戦果は乏しく海戦の最終的な勝利にもつながりませんでした。

レイテ海戦は、フィリピンのレイテ島に上陸した米軍の撃退を目指した捨て身の作戦でしたが、囮《おとり》として配置した北の小沢艦隊が、ウィリアム・ハルゼー大将率いる第三艦隊を引きつけることに成功します。しかし、戦艦「大和」を主軸とする栗田艦隊はレイテ湾直前までたどり着いたにもかかわらず、「謎の反転」で千載一遇の勝機を逃しています。

先に、日本軍が駐留した二五の島のうち、米軍が上陸占拠したのはわずか八島にすぎなかったと書きましたが、逆に言えば残りの一七島は、米軍の侵攻を阻止する役割を果たせない拠点だったことになります。

太平洋の駐留基地の七割近くが、実は戦略上無意味だったのであれば、日本軍の努力の七〇％もが「目標達成につながらない勝利」に費やされたことになるのです。これでは日本軍が最終的に勝利をつかめないのも無理はないと思われます。

戦略とは「目標達成につながる勝利」を選ぶこと

日本軍はミッドウェー作戦では戦力総数で米軍に勝ることに「成功」し、島の爆撃にも「成功」しています。ところが、戦史が教えるように目標達成につながらない勝利であり、劣勢の米軍は目標達成につながる勝利だけをつかみ取り、戦局を逆転させているのです。

これらを戦略の差と考えると、大局的な戦略とは「目標達成につながる勝利」と「つながらない勝利」を選別し、「目標達成につながる勝利」を選ぶことだといえます。

米軍を抑止する効果のない一七もの島に上陸占拠した日本軍は、目標達成につながらない勝利を集めており、大局的な戦略を持っていなかったと判断できるのです。米軍に対して抑止効果のある八島だけに基地を集中したなら、兵員は三倍に増強できたはずでした。

戦略のミスは戦術でカバーできない

戦略を実現する方法が「戦術」とすれば、例えばミッドウェー島の爆撃をスムーズに行うことは戦術となります。

しかし、米軍の空母を撃沈する前に連合艦隊の空母が沈んでしまえば、ミッドウェー島付近では日本軍は戦闘機の部隊を運用できず、島を維持できません。したがって島への爆撃に成功しても、ミッドウェー作戦に勝利することはできなかったのです。

いかに優れた戦術で勝利を生み出しても、最終目標を達成することに結び付かなければ意味はありません。戦略のミスは戦術でカバーすることができない、とはよく指摘されることですが、目標達成につながらない勝利のために、戦術をどれほど洗練させても、最終的な目標を達成することはできないのです。

「ガラパゴス化」という言葉は、孤立する日本製品の独自の進化を指すときによく使われてきましたが、いくら高度な機能を備えていても、標準規格を海外企業に独占されてしまい、最終的にシェア競いで敗れてしまえば、最終的な勝利にはつながらないことを意味し

日本軍と米軍の戦略性の違い

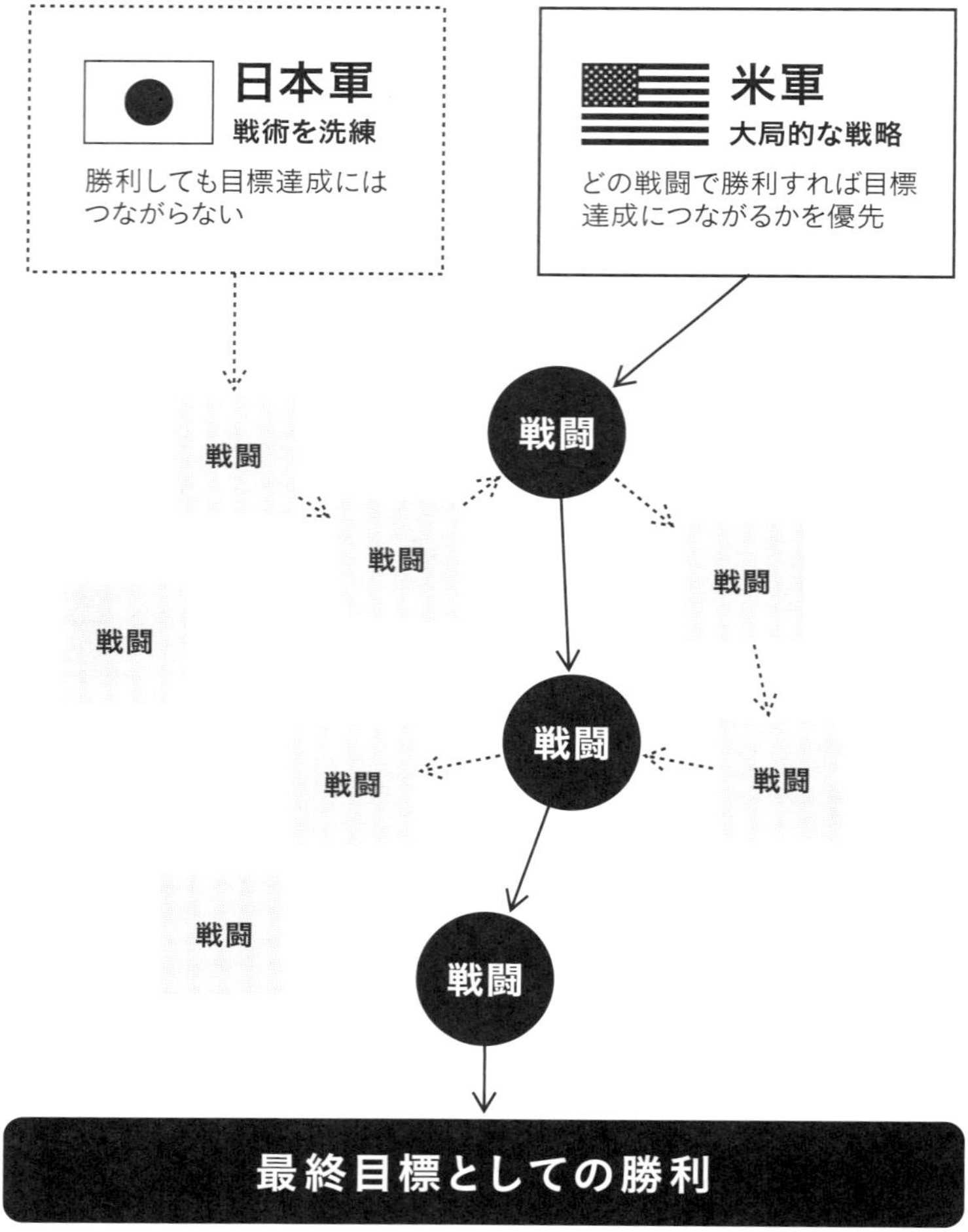

ています。ビジネスにおいても、戦略のミスはやはり戦術ではカバーできないのです。『失敗の本質』で描写されている日米の戦争は、始まりから最後まですべて激動の瞬間の連続です。人類の歴史における最大規模の海戦といわれるミッドウェー作戦やレイテ海戦でも、日本軍は大局的な戦略を待てず、目標達成につながらない勝利を大量に集めてしまい、最終的に米軍に敗れたのだといえます。

そうした勝利を大量に集めて最後に敗れる姿は、大東亜戦争の日本軍だけではなく、現代の日本企業がグローバル戦略で敗れる姿にも重なってしまうのです。

まとめ

戦略とは、いかに「目標達成につながる勝利」を選ぶかを考えること。日本人は戦略と戦術を混同しやすいが、戦術で勝利しても、最終的な勝利には結び付かない。

失敗の本質

02

「指標」こそが勝敗を決める

第一次世界大戦、ドイツ敗戦の理由

石原莞爾《かんじ》は「日本陸軍の異端児」と呼ばれた陸軍参謀で、一九三一年の満州事変の首謀者の一人です。一九二二年には当時のドイツ・ベルリンに留学し、「決戦戦争」と「持久戦争」など戦争に関する新しい知識・概念を学んでいます。

石原は陸軍大学校を次席で卒業するほどの学業優秀者でしたが、もっぱら独学により戦史や戦略・軍事史などに親しみ、陸軍大学校の教官を研究討論で論破するほど頭の切れる人物で、同時に型破りな発言でも知られていました。

その石原はドイツ留学では、第一次世界大戦でなぜドイツが敗れたのかを研究していたようですが、日本に帰国するときにある結論を胸に抱いていました。

それは、第一次世界大戦は「持久総力戦」であり、ドイツはそのタイプの戦争に負けた、というものです。この結論は、その後の石原莞爾に大きな影響を与えていきます。

日本軍と対立した石原莞爾の勝利の戦略

ドイツ留学から帰国後、石原は関東軍の作戦主任参謀として満州へ赴任します。石原は、対米開戦前には次の構想を練っています(『日本は勝てる戦争になぜ負けたのか』新野哲也/光人社より)。

・満州国を興隆させることで、日本とその領土において国力を増強する
・中国戦線には深入りしない
・日本が国家としての体力がついた時点で、日米の最終戦争の準備を行う

一方、対米開戦後、ガダルカナル島の制空権を米軍に奪取されたのちは、次のような構想を抱いています。

・日本の補給線を念頭に置く
・終末攻勢点の観点からビルマ国境、シンガポール、フィリピンまで撤退
・防衛戦の強化を図る
・本土防衛にはサイパン、グアム、テニアンの南洋諸島を難攻不落の要塞とする

石原構想で特筆すべきは「戦線の限定・縮小の必要性」が描かれていることです。一方、史実としての日本軍の行動は、石原構想とは逆に日中戦争に深入りし、前線基地を支えるために戦線をさらに拡大し、軍の出兵地域を広げて結果的に壊滅しています。ビルマ防衛のために、インド国境近くの敵の拠点であるインパールを攻略する発想は、まさにそうした戦いだといえます。

石原莞爾　「持久総力戦」という発想
日本軍　「決戦戦争」という発想

少し解説すると「持久総力戦」とは、国家間の戦争が補給が続く限り行われ、国家の生産力、体力を総動員する総力戦で勝敗が決まると考える思想です。

「決戦戦争」とは、一つの大戦闘での勝敗がそのまま国家の勝ち負けを決めるとする思想だと考えるとわかりやすいでしょう。

石原莞爾は「持久総力戦」に勝つために、国家の国力増強と生産性をまず高めることが必要であり、国力がアメリカに比肩するレベルとなった時点で戦争をすべきだと捉えました。

一方の日本軍は、どこかの戦場で「大勝利」すれば、国家間の戦争の勝敗も決まると考えて行動したのです。

したがって、日本軍は「戦争を終わらせるために」かえって戦線を拡大していったと推測できるのです。

日本は戦略の「指標」が間違っていた

両者の違いから、一つ重要なことが浮かび上がります。

それは、戦争の勝敗が決まる戦略の「指標」の違いです。

石原の指標　国家の国力、生産補給力で勝敗が決まる

日本軍の指標

どこかの戦場で大勝利すれば勝敗が決まる

石原莞爾と日本軍がこの段階で戦略を持っていたと仮定すると、以下のことが推測できます。

「戦略とは追いかける指標のことである」

戦略の違いで、石原は「国力、生産補給力」を追いかける構想を練っており、日本軍は「戦場での一大勝利」を追いかける構想を持ったのです。

戦略とは「追いかける指標」のことであり、戦略決定とは「追いかける指標を決める」ことであると考えれば、石原莞爾と日本軍の戦略はまったく別であることがわかります。

石原と日本軍の違いは、追いかける指標の違いなのです。戦略の失敗は戦術ではカバーできないので、有効な指標を見抜く指標の設定力こそが最大のポイントとなります。指標を正しく決めることが、先に説明した「目標達成につながる勝利」を決めるということなのです。

日本軍と石原莞爾の「指標」の違い

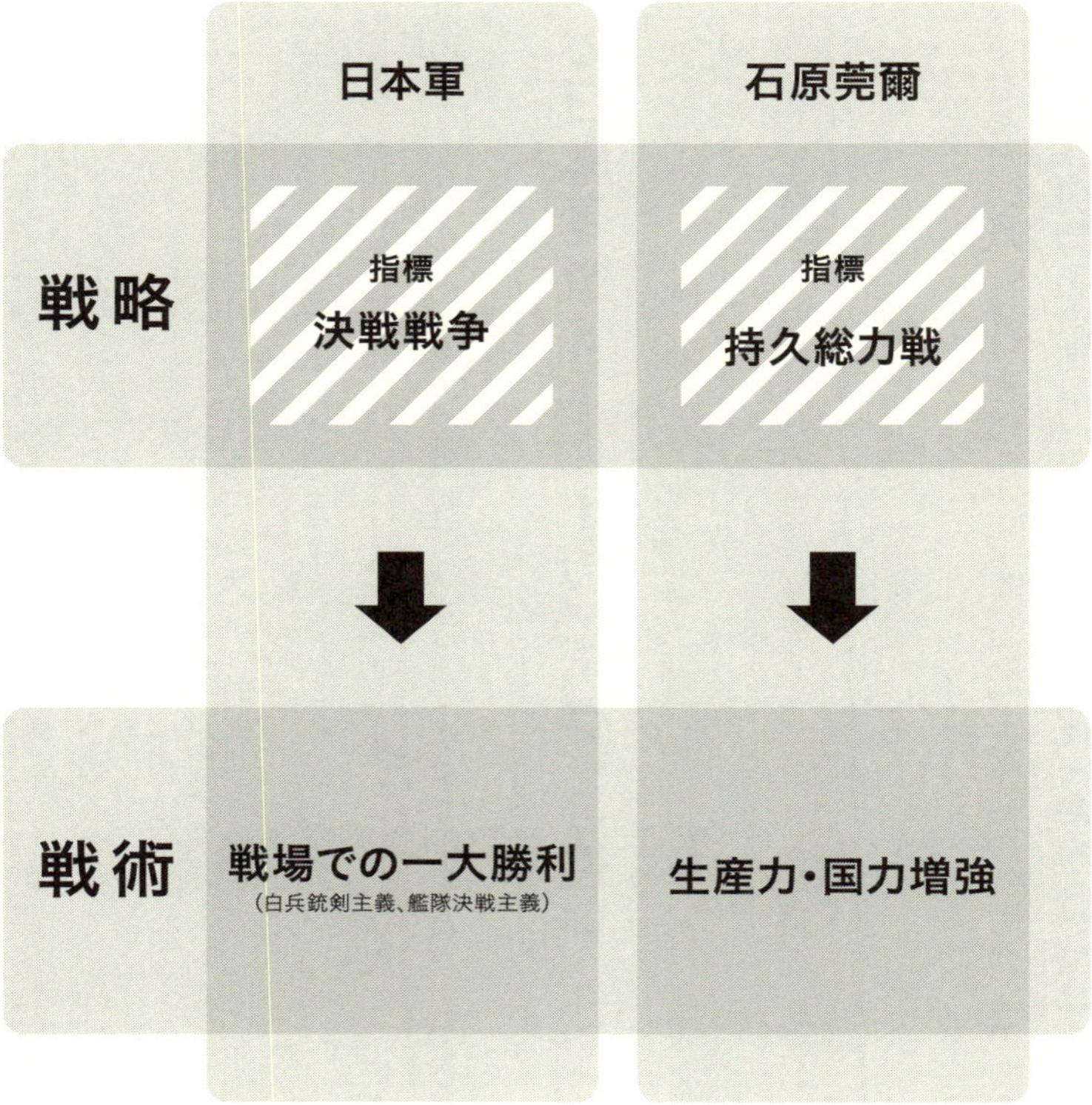

戦略とは追いかける指標のこと

戦術とは戦略を実行する各種の行動なので、石原戦略における戦術は、例えば農業生産面積の増加など、日本の国力を強化し、生産補給力を高めるすべての行動が含まれます。

一方、戦略として追いかける指標が有効であるかないかにかかわらず、同じ行動をとり続けることを「〇〇主義」と呼ぶこともできます。時代や環境が変化しても、同じ行動をとり続ければ優位性を失うように、日本軍は戦場での一大勝利を求めて「白兵銃剣主義」（刀剣などの近接戦闘用の武器で戦う）や「艦隊決戦主義」（戦艦を軸に一度限りの戦いを挑む）を繰り返し、次第にその威力を失っていくことになりました。

インテルと日本電機メーカーの「指標」の違い

「インテル・インサイド」という言葉で有名な、パソコンのマイクロプロセッサ（ＭＰＵ）の大手企業インテルを皆さんも御存知だと思います。二〇一二年現在、パソコン向けＭＰＵでは世界シェア八割ともいわれるインテルは、なぜこのような独占的地位を手に入れることができたのでしょうか。

そう、ここでもまた「追いかける指標」の有効性がカギを握っていたのです。

インテルはＭＰＵを開発する際に、単にＭＰＵの性能を高めるのではなく、ＭＰＵと組み合わせることでパソコンの基幹部品となるマザーボードを開発しました。このマザーボードは扱いやすく、「マザーボード＋ＭＰＵ」の組み合わせを活用した新たなパソコンメーカーが世界中で誕生することになります。

インテルは追いかける指標を「活用しやすさ」にしたのです。

一方で、日本企業を含めた他社は、ＭＰＵの「処理速度」を追いかけていました。インテルが台湾企業にマザーボードのライセンスを与え、世界中で安価にマザーボードが普及するようになったことで、各社のシェア争いは完全にインテルの勝利となってしまったのです。

ちなみにインテルはメモリ（ＤＲＡＭ）の開発会社として創業されたのですが、一九八〇年代には日本企業の販売攻勢に大苦戦し、一九八五年にはメモリ事業から撤退していきます。

安価高性能な日本製品は生産性の高い巨大工場で製造され、性能面の遜色がなく、メモリが汎用品となったタイミングもあり、インテルが全面敗北する形で撤退していたのです。

第二ラウンドであるＭＰＵの開発と販売において、インテルは「処理速度」よりも強力な指標を探していたはずです。戦略として追いかける指標を「活用しやすさ」に切り替えたことで、他社製品を圧倒してしまった姿は、日本軍が「決戦戦争」を追いかけて米軍に敗北した姿に重なります。

まとめ

勝利につながる「指標」をいかに選ぶかが戦略である。性能面や価格で一時的に勝利しても、より有利な指標が現れれば最終的な勝利にはつながらない。

失敗の本質

03

「体験的学習」では勝った理由はわからない

大局観に欠け、部分のみに固執する日本軍

前項で「戦略とは追いかける指標である」と定義しました。そして、戦略が勝っているか劣っているかは、その「指標の有効性」の違いだということもおわかりいただけたと思います。

『失敗の本質』では、日本軍が戦闘で驚くほどの内部迷走をしている様が描かれています。

・ノモンハン事件では、関東軍は大本営とは異なる目標を持ち、ソ連・外モンゴル軍との戦闘を求めて暴走

・ミッドウェー作戦では、基地攻略と米軍機動部隊の殲滅《せんめつ》とで優先順位が未設定

・レイテ海戦では栗田艦隊が艦隊決戦主義の影響で「反転」し、千載一遇の機会を失う
・インパール作戦では、ビルマ防衛を目標としながら大きく逸脱、逆に防衛線が崩壊

相手である米軍側は、シンプルながら効果的な目標を常に掲げ、軍全体の効率、自発性を引き出し、作戦を加速度的に勝利へと結び付けていきました。

・「空母を沈めることが最大の目標」と的を絞り全軍に伝達
・日本の委任統治領を逐次攻略し、最終的に日本本土爆撃で終戦を迎えるロードマップ
・日本の弱点を「燃料補給」「資源輸送」と見抜き、南洋で日本輸送船を徹底的に撃沈
・日本軍の布陣した島のうち、戦略的に無価値な七割の島を無視して最速で進攻

両者を比較してわかることを挙げてみましょう。

日本軍側には作戦命令において、戦略が存在しないか、あっても「誤った指標」を追いかけていると判断できます。

一方の米軍は、「空母を最優先で沈める」という指標を含め、全体の戦果につながる効果的な指標を常に設定しているのです。

なぜ、このような差が生まれてしまったのでしょうか。

日本的な指標の発見――ホンダ製小型バイクの大ヒット

一九五九年、日本のホンダは世界市場に積極的に進出するため、アメリカに大型バイクを販売する店舗網をつくり始めますが、当初期待したほど売れませんでした。

駐在していたホンダの社員は、経費削減とストレス発散のため、五〇ｃｃの小型バイク「スーパーカブ」を休日に乗りまわし楽しんでいたのですが、行く先々でスーパーカブは、アメリカ人から「面白い！」と大変な関心を注がれます。

あくまで大型バイクで勝負するつもりだったホンダは、この意外な反応をしばらく無視してしまいますが、ついにアメリカに小型バイク市場があることに気づき、スーパーカブ購入後のユーザーを訪ね、詳しく使用法を確認します。そして、アメリカ人の生活に合う特別仕様車をつくり上げ、大ヒットを記録するのです。

スーパーカブの大ヒットの経緯を見ると、驚くべきことがわかります。

当時のホンダが「違う指標」を偶然発見していることです。小型チョイ乗りのバイクは当時アメリカにはあまりなく、アメリカ人はカスタマイズして乗っていました。

購入後のユーザーを調べ上げることで、ホンダは大型大馬力ではなく「小型で気軽に乗れる」という指標、つまり有効な新しい販売戦略を偶然発見し、その発見を最大限活用したのです。

スーパーカブは、二〇〇八年に世界生産累計六〇〇〇万台を達成する素晴らしい人気商品に育ちます。

なぜ、日本企業は一点突破・全面展開なのか？

アメリカでホンダが「小型で気楽に乗れる」という新しい指標（新戦略）を偶然発見したと書きましたが、より正しくは「体験的学習で新戦略を察知した」と言い換えてもいいでしょう。

つまり、「追いかける指標」が先にあったのではなく、体験的学習の積み重ねによる体得（偶然の発見）が生み出した成功なのです。この事例から類推できることは、多くの日本企業が、ホンダと同様の体験的学習により、偶然新戦略を発見する技能に極めて優れていたということです。

日本軍ならびに日本企業が歴史上証明してきたことは、必ずしも戦略が先になくとも勝利することができ、ビジネスにおいても成功することができるという驚くべき事実です。

これは日本軍にも通じる点ですが、「一点突破・全面展開」という流れを日本人と日本の組織が採用しがちなのは、戦略の定義という意味での論理が先にあるのではなく、体験的学習による察知で「成功する戦略（新指標）を発見している」構造だからでしょう。

理屈や理論がなくともそれが売れているのですから、「事実を積み重ねること」、つまり、体験的学習からの積み上げにより、ホンダはバイク革命を起こしました。

唯一の弱点は成功した定義が曖昧なため、売れた商品ばかり販売を続けてしまい、文字通り常に全面展開してしまうことです。

日本軍の戦闘で「目標達成につながらない勝利」の存在を先に指摘しましたが、意識せずに発見した「経験則による成功法則」では、適用すべき範囲を判断することが難しく、結果として過去の成功事例の教条主義に陥りやすいのです。

発見した戦略を自覚していない

スーパーカブで「バイク革命」と呼べるほどの販売実績を収めたことは、ホンダが（知

日米による「指標」の発見の違い

日本軍

経験から偶然気づく

指標の発見

体験的学習
察知

勝利に内在する指標を理解せず、
再現性がない

- 成功体験のコピーに陥る
- 一点突破、全面展開

米軍

敵・味方の行動と結果を分析

指標の発見

勝利につながる
効果的な戦略
を選ぶ

常に戦略があることで勝利の
再現性がある

- 空母・輸送船の撃沈
- 無意味な戦闘は回避

勝利

らずに）採用した新しい指標（販売戦略）に高い有効性があったことを意味します。まさに体験的学習を活かすことに長けた、日本企業の真骨頂です。

しかし、日本人の文化の中で「戦略の定義」が不明確であることは、確実にデメリットを生んでいます。体験的学習の優秀さで一時的に勝利したとしても、なぜ成功しているのかの理由を正しく理解できなければ、その後勝利が劣化していくことを食い止める対策が生まれてこないからです。

体験的学習の積み上げにより、意図せずに新戦略（新指標）を発見しビジネスに活用することができても、その成功をつくった戦略の核となる要素を特定しなければ、いつまでも偶然の発見に頼らざるを得ません。かつて日本軍が二五の島すべてに部隊を駐留させたように、戦略なき全面展開を繰り返すことにもつながります。

まとめ

「体験的学習」で一時的に勝利しても、成功要因を把握できないと、長期的には必ず敗北する。指標を理解していない勝利は継続できない。

失敗の本質

04 同じ指標ばかり追うと いずれ敗北する

日本に欠けているグランド・デザインの視点

『失敗の本質』の第二章では、米軍の「基本戦略見積り」の内容が書かれています。

・シベリアおよびマライ諸島の強力な防衛
・封鎖による経済攻勢
・空襲による日本軍事力の低下

三つのうち、後者二つは「持久総力戦」に近い戦略と考えられます。その意味で米軍と石原莞爾は、戦争に勝つために共通の戦略（指標）を見つけていたことがわかります。敵の国力を衰退させることと補給生産力の破壊は、「持久総力戦」の基本となるものです。

一方で石原莞爾は、アメリカに直接打撃を加える兵器がない以上、日本の国力充実を敵に影響を受けないまま成し遂げる必要がありました。そのため戦線を拡大させずに満州国の経済的繁栄を目指したのでしょう。

グランド・デザインは「全体戦略」という言葉で翻訳されますが、組織全体が追いかける指標であると考えるとわかりやすいと思います。

日本企業が戦略を苦手にする理由

寒天のトップメーカーである伊那《いな》食品工業は、創業以来四八年間、連続増収増員増益の超優良企業ですが、成長要因の一つに「用途拡大戦略」を挙げています。

素材メーカーである同社は、新製品を開発する際に、寒天の使用用途を年々拡大していける事業・技術開発を目標としているのです。この戦略で、必ず翌年の売上が前年よりも向上することになるのでしょう。

なぜ素材用途を拡大することが、継続的な売上の増加につながるのでしょうか。一般的に同じ業界（例えばビールなど）では、新商品を発売したとき、その商品を購入してくれるのは、これまでその会社のビールを購入してくれていたお客様がほとんどです。

これでは古い商品を買っていたお客様が、新しい商品に乗り換えただけで売上総額は増えないことになりますから、売上を拡大するためには、「乗り換える」ことのない、別の業界のお客様に毎年新しくアプローチする必要があります。

単にヒット商品を狙うのでもなく、商品の数を増やすのでもなく、「用途拡大」という指標を発見したことが勝利へとつながっているのです。伊那食品工業は、自社の売上増加を支える要因が「素材用途を拡大する」ことだと見抜いたといってもいいでしょう。

一方で、戦略が追いかける指標であると理解せず、体験的学習による勝利の結果を戦略であると勘違いしている企業は、自社が売上を増加させた理由を「ヒット商品が出たから」等、極めて曖昧な形で「誤解」してしまうことが頻繁に起こります。

「戦略となる指標」を取り出すことをせず、「体験そのものを再現」することに執着すると、目の前の勝利と同じ型を追いかけることにつながります。

日本軍の視野が極度に狭く、部分的な勝利のコピーをすべての戦場で追いかけていると感じられるのは、「勝った戦闘そのものを全面展開すること」が戦略だと勘違いしていたからでしょう。

石原莞爾が「持久総力戦」という戦略をドイツから持ち帰ったにもかかわらず、日本軍はその価値を理解できませんでした。個々の戦闘結果と戦略を、分離して把握することができなかったのです。

日本は隠れイノベーション大国？

イノベーションについては第三章で詳しく述べますが、戦後の日本経済の興隆を見る限り、日本企業が非常に多くの有効な新戦略を発見してきたことはほぼ間違いありません。それほど大きくない島国であるにもかかわらず、長期間にわたりアメリカに次いで世界第二位のＧＤＰも誇っていました（現在は第三位）。

特に海外市場の発掘と拡大においては、体験的学習による新たな指標の発見と活用によって、広範囲な販売力を発揮してきました。

しかし、時代が変わり、体験的学習が追いつかない形で戦略（有効な指標）が切り替わっていく今、戦略の意味が理解できずに日本企業は閉塞感ばかりを感じているのではないでしょうか。

私たち日本人は、どのような戦いを仕掛けられているかを見通すことができないまま、大東亜戦争の後期、苦悩を続ける日本軍と同じ状況に置かれてしまっているのです。

マイクロソフトが世界制覇できた戦略

新しい指標を発見することが、すなわち「戦略そのものを発見すること」であることを延々と述べてきましたが、「新しい指標を使いこなす」ことで、世界一の富豪になったのが、皆さんも御存知のマイクロソフトのビル・ゲイツです。

マイクロソフトの戦略については、非常に多くの書籍や雑誌で分析されてきましたが、突き詰めると次の二つの指標を発見し、使いこなしたことが最大の成功要因です。

①「ソフトの互換性」
②「ネットワーク効果」

「ソフトの互換性」とは、特定のソフトを別のコンピューターでも使用できるようにすることです。IBM360は史上初のソフト互換性を持ったコンピューターでしたが、それ以前のコンピューターは一つの機種にしか使用できない、完全に専用のソフトとなっていました。

３６０シリーズはソフトの互換性があることで、顧客は使い慣れたソフトを別のパソコンでも使用したければ、買い換える際にも必ず３６０シリーズを買うことになったのです。そのことで、３６０シリーズは爆発的な売上を記録します。

もう一つの「ネットワーク効果」とは、そのネットワークに接続している人の数が多ければ多いほど、そのネットワーク自体の価値が増すという原理です。同じソフトを使用しているパソコン端末が増えるほど、そのソフトの価値が増していくことになるのです。

マイクロソフトのソフトであるワードやエクセルなどは多くのユーザーを獲得することで標準のソフトとなり、自動的に新しいユーザーを取り込むことができるようになりました。

これは、人が話す言語などをイメージするとわかりやすいでしょう。英語が学習対象として人気があるのは、それを学ぶことで非常に多くの人とコミュニケーションができるからですが、ソフトの世界でも、より多くの人とやり取りできるものを人は買うようになるのです。

注目すべきは「互換性」「ネットワーク効果」という指標は、「製品自体の属性」ではないということです。

したがって、製品単体の性能（この場合ＯＳ）という他社が追いかけていた指標に優先する形で勝負が決まってしまうことです。ビル・ゲイツはここに着目し、製品購入に影響を与える新しい指標（新戦略）を使いこなすことで世界一の大富豪となったのです。

現在、「互換性」と「ネットワーク効果」を利用したビジネスモデルは「プラットフォーム戦略」と呼ばれていますが、商品単体の性能を問題としないことで、モノづくり大国といわれた日本の製品が後塵を拝する、大きな要因となっています。

同じ指標ばかり追いかけると敗北する

日本海軍の航空機は、マレー沖海戦で英戦艦の「プリンス・オブ・ウェールズ」を航空攻撃で撃沈し世界を驚かせましたが、その後、航空戦力を有効活用したのは皮肉なことに米軍だと言われています。

日本が誇る零戦は、高い運動性能で空中格闘戦に優れていましたが、アメリカの新型戦闘機は、いずれも格闘戦ではなく火力、防弾性能を高めた上、集団で零戦を攻撃する新しい戦略（指標）で圧勝しました。

マイクロソフトの「新指標」の発見

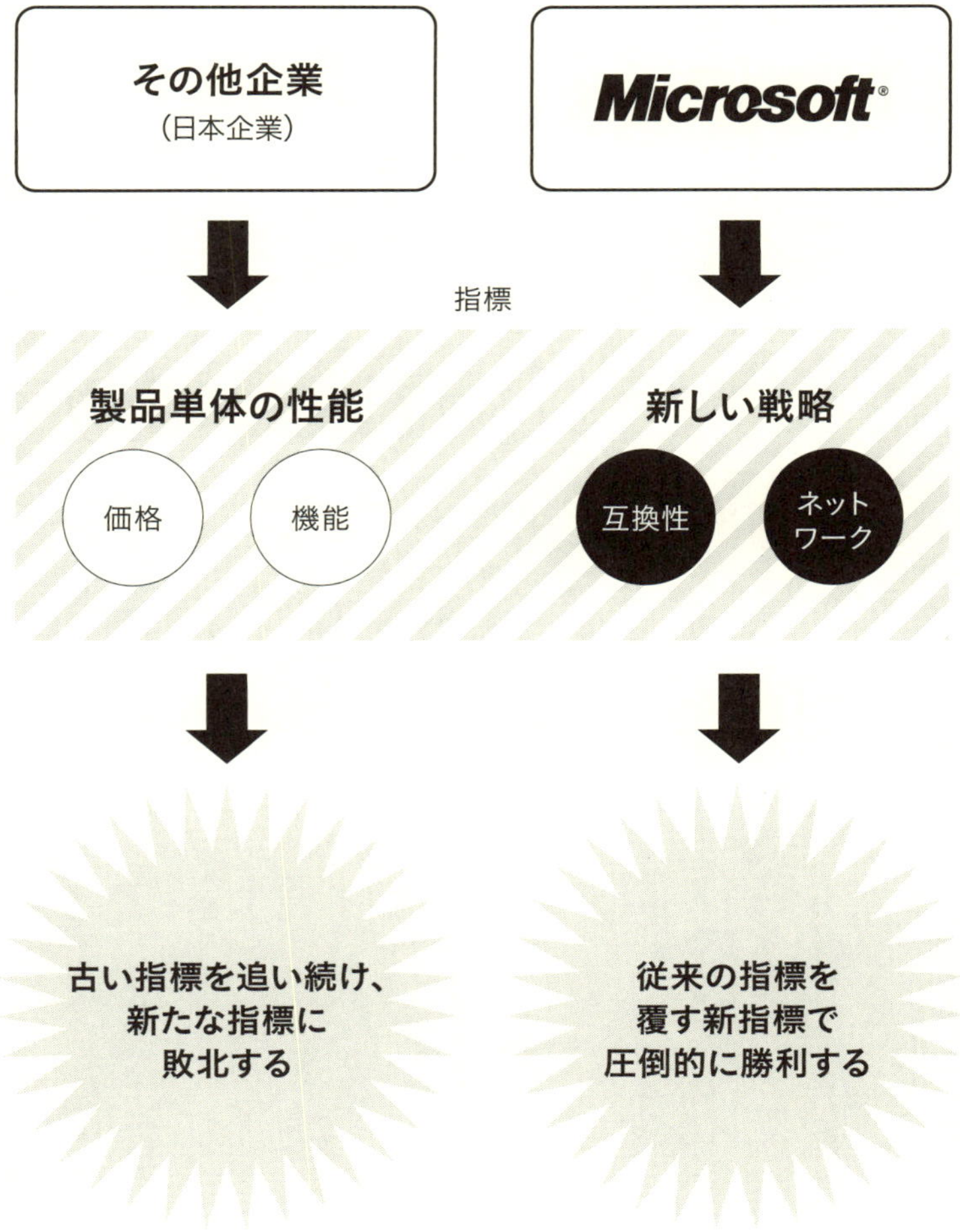

インテルが、一九八〇年代に日本企業のメモリ販売攻勢で苦しんだように「同じ戦略（指標）」を追いかける勝負では、日本企業は海外企業とも互角以上の戦いを展開できたのですが、現代ビジネスにおける競争には「同じ戦略で戦う」ことで勝てる戦場は、ほとんどないといっていいかもしれません。だからこそ日本は苦戦するのです。

米軍が勝利の再現力に優れていた理由

日本人は、体験的学習から「成功する新しい戦略（指標）」を発見し、最大限活かす形で全面展開することが得意だと先に説明しましたが、体験的な学習から成功事例を生み出すことは、残念ながら米軍方式に確実に劣る点があります。

それは「再現力」の差です。

戦略の発見が「有効な指標」を探すことにより成し遂げられることを知らなければ、戦略自体を探しようがありません。探し方を知らないのに、日本人が特定分野で大成功を収めているのは、体験的学習から意図せずに新戦略を偶然発見し、その発見が特別なものであると経験則から見抜くことができたからでしょう。

逆に言えば、最新のビジネスにおけるビッグ・ゲームでは、アメリカをはじめとする海外企業は同じ指標で戦うのではなく、新しい指標を見つけて乗り込んできます。対する日本は戦略の定義を理解せず、あくまで経験則で立ち向かっているのですから、このままでは勝てないのも当然といえるでしょう。

まとめ

体験的学習や偶然による指標発見は、いずれ新しい指標（戦略）に敗れる。勝利体験の再現をするだけでなく、さらに有効な指標を見つけることが大切。競合と同じ指標を追いかけても、いずれ敗北する。

第2章

なぜ、「日本的思考」は変化に対応できないのか？

日本軍が陥った練磨と改善の罠

失敗の本質

05 ゲームのルールを変えた者だけが勝つ

練磨の文化を持つ日本と日本人の美点

『失敗の本質』で描かれる日本軍には、ある種独特の精強さを放つ要素があります。それは「超人的な猛訓練・練磨」で養成された技能です。

・ルンガ沖夜戦など、猛訓練を重ねた海軍の強さ
・香港、アジアでの、白兵銃剣主義を徹底した快進撃
・航空機による空中戦、爆撃の驚異的精度

これらは技術的な優位性ではなく、むしろ機械や兵器を扱う人の練成度を限りなく高め

た強さです。日本人は「練磨」の文化と精神を持ち、独自の行動様式から、特定の分野で素晴らしい強みを発揮できる民族であると感じます。

「大きなブレイク・スルーを生みだすことよりも、一つのアイデアの洗練に適している。製品ライフサイクルの成長後期以後で日本企業が強みを発揮するのは、このためである。家電製品、自動車、半導体などの分野における日本企業の強さはこれに由来する」（『失敗の本質』／３章より）

日本の戦後経済の発展は「モノづくりの文化」が支えたといわれますが、改善を続けることで生まれる洗練は、日本人が民族的文化として持つ美点の一つです。

型を反復練習することで、型を超えるという思想

あくまで一つの意見として考えていただきたいのですが、日本軍の猛訓練・猛反復による精強さはある種、日本のサムライ、武士の日本刀と剣術稽古にイメージが重なります。猛訓練により反復し、気が遠くなるほど稽古を繰り返すことで、やがて本人が身体で技

を覚えていくようになる。最後には「型をマスターすることで型から離れ」て剣術の達人となっていく。

日本の柔道は古武道の柔術から生まれたものですが、江戸時代の末までは、古流の柔術稽古の多くも型を学ぶことが中心だったようです。反復の猛訓練から、型を超える達人となる発想です。

サムライと武士道の武術学習法と、日本軍の軍事訓練の精神には共通点を感じます。ただし、武士道に含まれていた「兵法」の素養は、第一次世界大戦までの日本軍人が持ち、その後消えていったと『失敗の本質』でも指摘されています。

「明治の軍人が戦略性を発揮しえたのは、武士としての武道とならんで兵法が作法として日常しつけられていたからであった」(『失敗の本質』/3章内の引用、岡崎久彦『戦略的思考とは何か』/中央公論社より)

「兵法」の素養が日本人から消えたことは、大戦での情報謀略で日本軍が何度も欺かれてしまった理由の一つと言われますが、型の反復による洗練はそのまま活用されたのです。

操縦技能、射撃精度を極限まで追求した日本人

「ゼロ・ファイター」。連合軍からこう呼ばれた零戦は、登場時は性能差で圧倒的な勝利を収めた、日本が誇る名戦闘機です。

初陣の中国大陸（日中戦争）では、昭和一五年七月から翌年九月までの期間に第一二、第一四空零戦隊で合計撃墜数一〇三機、地上撃破一六三機、一方で零戦の被撃墜はほぼ皆無という、驚異的な戦果を挙げました（『零式艦上戦闘機』／学習研究社より）。

その後もフィリピンの米軍を攻撃する比島航空撃滅戦や、マレー・シンガポール航空戦で活躍し、大戦初期には優秀機の名声を博します。

零戦の戦果を支えた要因に「パイロットの優れた技能」が挙げられます。日中戦争で活躍した実戦経験豊富なパイロットを、さらに鍛え上げ、十分な訓練を施し、「空戦性能を極限まで追求した戦闘機」であった零戦の威力を、戦場で最大限発揮することができたのです。

パイロットの練度の高さは、高性能な機体の実力を存分に発揮させ、中国の空における零戦の絶対優位を生み出します。

開戦当時、日本艦隊も兵士の操縦技能、射撃精度等を猛訓練で極限まで追求しています。米主力艦隊を迎え撃つために、帝国海軍の訓練では「技神に入る」というレベルに達するまで一日も休まず猛訓練を続け、主砲射撃や魚雷発射の命中精度、艦艇操縦の技能も前代未聞の水準に達したと言われるほどでした。

超人的な夜間見張り員の視力は、八〇〇〇メートル先の軍艦の動きを識別し、夜陰を活用した駆逐艦の魚雷による漸減作戦や大艦隊の夜戦先制攻撃に活かされます。

驚異的な技能を持つ達人の養成に、日本軍はかなりの力を注ぎ、実際に戦果も挙げました。しかし、兵員練度の極限までの追求は、精神主義と混在することで、のちに日本軍の軍事技術・戦略の軽視にもつながったと『失敗の本質』で指摘されることになります。

当たらなくても撃墜できる兵器をつくったアメリカ人

猛訓練で達人的な技能を持つ日本軍へ、米軍はどのように対応したのでしょうか？日本軍へ対抗するため、彼らも「戦闘における達人」の育成を目標としたでしょうか？いいえ、違います。米軍はまったく逆の発想、「達人を不要とするシステム」で日本軍に対抗したのです。

具体的には、

・操縦技能が低いパイロットでも、勝って生き残れる飛行機の開発と戦術の考案
・命中精度を極限まで追求しなくても撃墜できる砲弾の開発
・夜間視力が高くなくても、敵を捉えられるレーダーの開発

など、達人ではなく「システム思考」的な方向へ、戦闘を段階的に転換させていきます。

零戦の初期の相手となった米軍のＦ４Ｆは、空中戦ではほぼ全面的に零戦に劣ると指摘されていましたが、新型機のＦ６Ｆは「空戦性能を諦めて、スピードと防弾性、重武装を重視し」集団で攻撃するという「零戦を封殺する新たな戦略発想」で登場してきます。

勝利するポイントを「空戦性能ではない点」にしてしまえば、熟練技能はいらず、零戦側の強みも発揮されません。「パイロットに高い操縦技能を期待しないでも勝てる」というのは実に驚くべき発想の転換です。

米軍が開発したＶＴ信管（近接信管）は、戦闘機に直撃しなくても近くをかすめるだけで爆発し、敵機を撃破することができる新兵器です。

「命中精度を極限まで追求しなくても勝ててしまう」という発想も、日本軍の想定する

「猛訓練による達人の命中精度」が勝敗を決める戦場とはあまりにも異なる世界観でしょう。

米軍側が「ゲームのルールを変えた」ことで、勝利につながる要素も変化したのです。現代でも、ビジネスでゲームのルールを変えるのは、常にアメリカ企業であり、日本企業がその「ルール変更」に翻弄されている姿は、名機零戦の苦戦とも重なります。

日本人の苦手な、大きく劇的な変化を生み出すもの

「一つのアイデアを洗練させていく」ことが得意な日本人は、小さな改善、改良を連続的に行うことで既存の延長線上にある成果を挙げることに成功しやすいのかもしれません。

ところが、日米戦争で展開された劇的な変化の中で、米軍の仕掛けた変化には「大きく劇的なもの」が多数ありました。そして、日本軍はその変化への対応に極めて弱かったのです。

「ゲームのルールを変えた者だけが勝つ」

これはＩＢＭのサミュエル・パルミサーノ会長が使うプレゼンテーション資料に書かれている言葉です（『技術力で勝る日本が、なぜ事業で負けるのか』妹尾堅一郎／ダイヤモンド社より）。

日本軍は戦場において、さまざまな戦い方のルール自体を変えられてしまい、自らの強みを封じられながら米軍に圧倒されていく場面に何度も遭遇しています。

従来から積み重ねた方法の精度ではなく、完全に異なる構造でゲームの勝敗がついてしまう新たな戦闘方法への移行です。

改善を継続することで「小さな変化」を洗練させていく日本軍は、「劇的な変化」を生み出す米軍に、ゲームのルールを変えられて敗退したと考えることができるのです。

「ゲームのルール変化」に弱い日本組織の仕組み

『失敗の本質』から垣間見える、現代日本企業の弱点を列挙してみましょう。

・前提条件が崩れると、新しい戦略を策定できない
・新しい概念を創造し、それを活用するという学習法のなさ

・目標のための組織ではなく、組織のための目標をつくりがち
・異質性や異端を排除しようとする集団文化

白兵銃剣主義による日本軍歩兵の突撃攻撃は、ガダルカナル島の米海兵隊による「重火力装備陣地」に何度も挑み、膨大な犠牲を生み出して敗退します。

身軽な機体を活かして活躍した零戦も、米軍のレーダーを使用した戦闘法の前に、なすすべもなく撃ち落とされていきました。

モノづくり大国として「高い生産性」と「高品質」を武器に世界市場を席巻した日本製品が、現在では製品単体の性能ではなく「ビジネスモデル戦略」で敗退しています。パソコンのOSやCPU、携帯メディアプレーヤーなどはその最たる例でしょう。

すでにプラットフォーム戦略の概要はご説明しましたが、もともとコンピューター関連用語として、特定のソフトなどが作動するために必要な「環境」をプラットフォームと呼んでいました。現在ではサービスや製品を使うための環境自体を差別化することで、その環境（プラットフォーム）だけで活用できる製品が売れてしまうという現象を生み出しています。

品質の高い「個別製品」の零戦部隊が、レーダーという「ビジネスモデル」を搭載した

日本軍と米軍の戦い方の違い

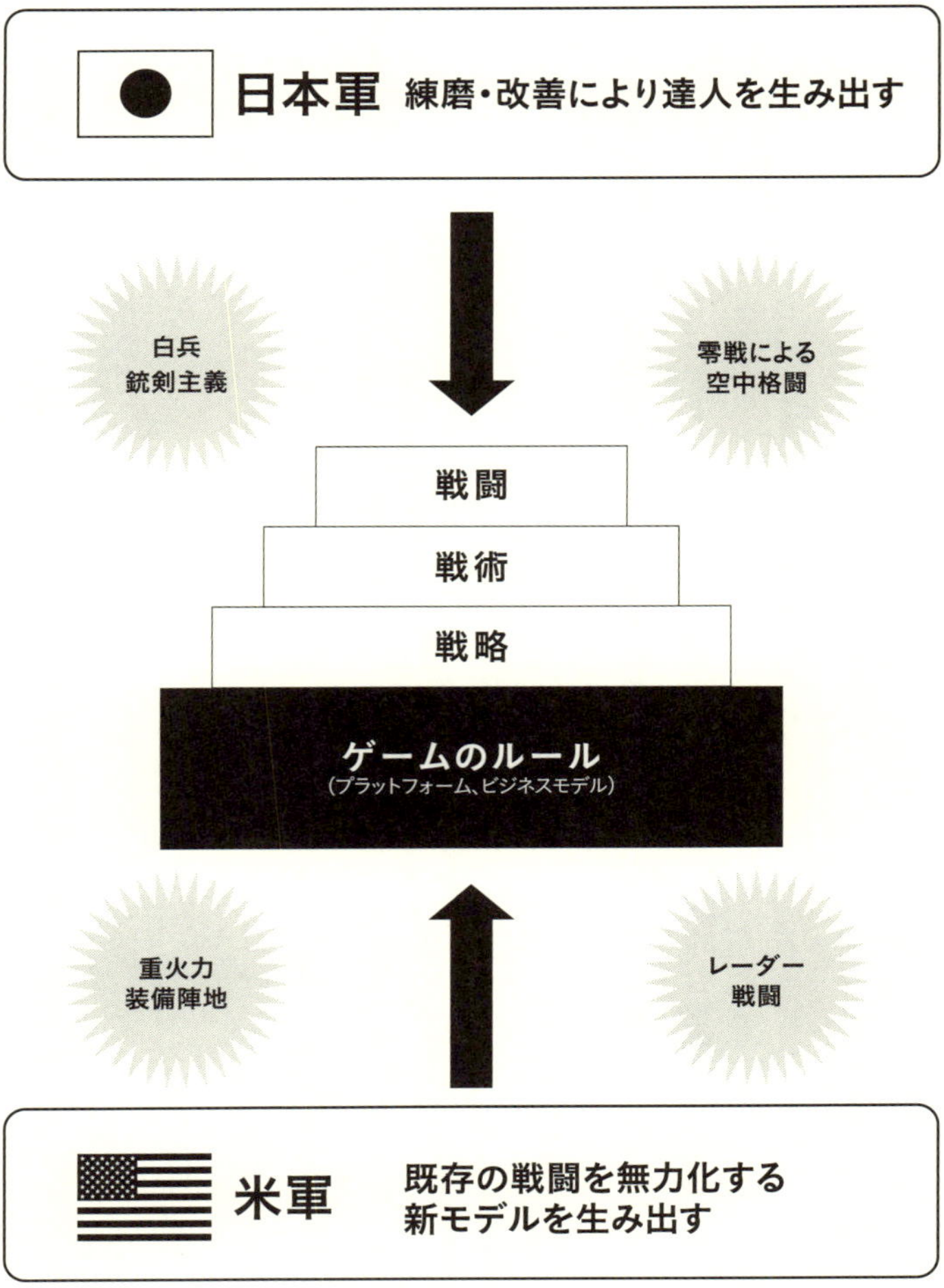

米艦隊に一気に撃墜されてしまうイメージです。

「練磨」「改善を極めていく」文化を持つ日本人の組織が、現在の世界市場で苦戦する様は、かつての日本軍がその戦闘力を無力化されていく姿に似ています。

世界的に著名なイノベーションとして、パソコンのOSであるウィンドウズやアップルのiPodやiPad等がありますが、創業者のビル・ゲイツやスティーブ・ジョブズのような経営者が、なぜ日本で生まれないのか。その理由はゲームのルール自体を変えるような破壊的な発想ではなく、型の習熟と改善を基本とする日本的思考と関係しているのかもしれません。

まとめ

日本は一つのアイデアを洗練させていく練磨の文化。しかし、閉塞感を打破するためには、ゲームのルールを変えるような、劇的な変化を起こす必要がある。

失敗の本質

06 達人も創造的破壊には敗れる

「創造的破壊」を生み出す三つの要素

VT信管は、戦闘機に命中しなくても撃墜できる驚くべき新兵器でしたが、このような「日本軍の達人技を無効にした技術」はどのように生み出されたのでしょうか。

『失敗の本質』で指摘されている内容と日米の戦局変化から、次の三つの要素が戦争の勝敗に極めて大きな影響を与えたと考えられます（①と②は『失敗の本質』より抜粋）。

なお「創造的破壊」とは、従来の指標とは大きく異なる「劇的な変化」を意味します。

①ヒトによる創造的破壊

「米軍は重要な戦略発想の核心を、ダイナミックな指揮官・参謀の人事により実行した」

②技術による創造的破壊

「F4F、F6F、F8Fなどの戦闘機やB17からB29に至る長距離戦略爆撃機が、次々と連続的に開発された。これら一連の技術革新が米軍の大艦巨砲主義から航空主兵への転換を可能にする基盤となった」

③運用方法による創造的破壊

既存の技術を「運用する方法」を大きく変化させて、それまでの勝者を敗者に追い込む。

次にこの三点が米軍の戦闘において、どのように活かされたかを見ていきましょう。

「ヒトの柔軟な活用」が米軍の勝利を生み出した

米軍は太平洋から日本本土へ侵攻する際の各作戦、戦略について硬直的な人事体制を排除し、戦果に直結する優秀な人材をダイナミックに抜擢することで最大の戦果を生み出しました。

また軍事作戦のみではなく、兵器開発においても米軍は「ヒトによる創造的破壊」の促進に成功します。レーダーやＶＴ信管などの革新的技術は、いずれも民間研究所と米軍の高度なコラボレーションから生まれていますが、米軍は技術研究者の自主性・独立性を強く尊重することで、彼らの才能を最大限発揮させたのです。

当時のアメリカの議会は、レーダーの開発に五億ドルの予算を出し、使途計画については専門家である科学者に完全に委ねました。民間の科学者チームは戦場に頻繁に赴き、時に陸・海軍の米軍将校と大喧嘩をしてまで性能を追求しました。自由と柔軟性を最大限発揮できる環境で、戦局を決定する最新兵器が次々生まれたのです。

一方の日本軍は、権威によって現場や優れた技術者を抑圧し、トップの考えたことが正しいという主張を繰り返して自由を認めませんでした。

「新しい技術」が戦局を変える変化を生み出した

防弾装備のない零戦が、当初その軽量さから優れた空戦性能を発揮して、米軍の戦闘機と互角以上の戦いを展開したことはすでに述べましたが、アメリカの戦闘機を製造する会社が高馬力の新エンジンの開発に成功したことで、空の戦いの状況は大きく変化します。

米軍の戦闘機は、新エンジンによって零戦以上の速度を出せる上に、防弾性能により簡単には撃墜されない存在になることができたのです。

注目すべき点は、新エンジンを完成させたこと自体で勝敗の結果が変わったのではなく、新エンジンが飛行速度を保ちながら「重武装・高い防弾性」を可能にしたことで、空戦の勝敗を決定する要因（指標）が変わり、零戦が敗れた点です。

単に新しい技術ではなく〝戦局を変える新技術〟がカギだったのです。

日本軍は戦局を変える新技術を継続的に開発することができず、零戦が劣勢になったのちも、軽量であることにこだわりました。その上、「精神主義」「過去に勝った技術の過信」など、技術への視点も転換できずに敗戦を迎えます。

「技術の運用法」を変えて零戦を撃墜した米軍

もう一つ、零戦と米軍戦闘機の戦いで注目すべき点があります。アメリカ海軍のジョン・S・サッチ少佐が開発した「サッチ・ウィーブ」です。

当初零戦に苦戦したF４Fが効果的に闘うために編み出された、二機一編隊での飛行法ですが「敵に背後を取られても回避できる」ため、一機が日本の零戦にあえて囮となって背後を取らせ、後方支援機が日本機を撃墜するなどの使い方もされました。

サッチ・ウィーブは「技術的な革新」ではなく、「技術の運用方法」の革新で米軍が零戦に勝った事例です。

Ｆ６Ｆのような対零戦の新型戦闘機（技術的な革新）が登場する以前に、米軍がＦ４Ｆのサッチ・ウィーブ戦法で、撃墜比率を劇的に改善したことは、技術で勝っている状態でも「運用」で負ける日本人の姿を浮き彫りにしています。無数の零戦を撃墜されながら、日本側は終戦までこの運用法の存在を見抜けませんでした。

零戦はすでに大空を去りましたが、現在でも「日本企業殺し」の手法は存在しており、私たち日本人は負けていながら気づいていないだけかもしれません。

日本企業の高い技術による製品が、米国企業の戦略的な知財マネジメントによって、「戦いの仕組みを変えられて負ける」現状もその一つといえるでしょう。

相手が積み重ねた努力を無効にする仕組み

米軍は達人を不要にする「システム思考」によって戦闘方法を転換させましたが、具体的には、相手が積み重ねた努力と技術を無効にするのを理想としています。同じルールではなくルール自体を変えてしまえば、圧倒的に優利な状況をつくり出せるからです。
ここでもう一度、創造的破壊を生み出す三つの要素についてまとめておきましょう。

①「ヒトと組織」の極めて柔軟な活用による自己革新
②「新技術」の開発による自己革新
③技術だけではなく「技術の運用」による自己革新

現在でもアメリカでは、資金や優秀な人材が流動的に集まり、ベンチャー企業が新しい発想のサービスを次々と生み出しています。仕組み自体を変えてしまうような創造的破壊も多数生まれています。

アップルのiPodやiTunesは、まさに「技術の運用」による革新だといえるでしょう。携帯音楽プレーヤーを、ウェブ上のiTunes Storeと接続させることでプラットフォーム化し、過去にない利便性を実現したのです。別の製品群では、個別の機能は実現されていながら、それまで存在しなかった組み合わせで、極めて強固な差別化を成し遂げています。

検索エンジン大手のグーグルも、オープンソース戦略と秘匿性の高い独自検索エンジンのサービスを組み合わせることで、世界中で最も利用される検索エンジンとなり、API

創造的破壊を生み出す3つの要素

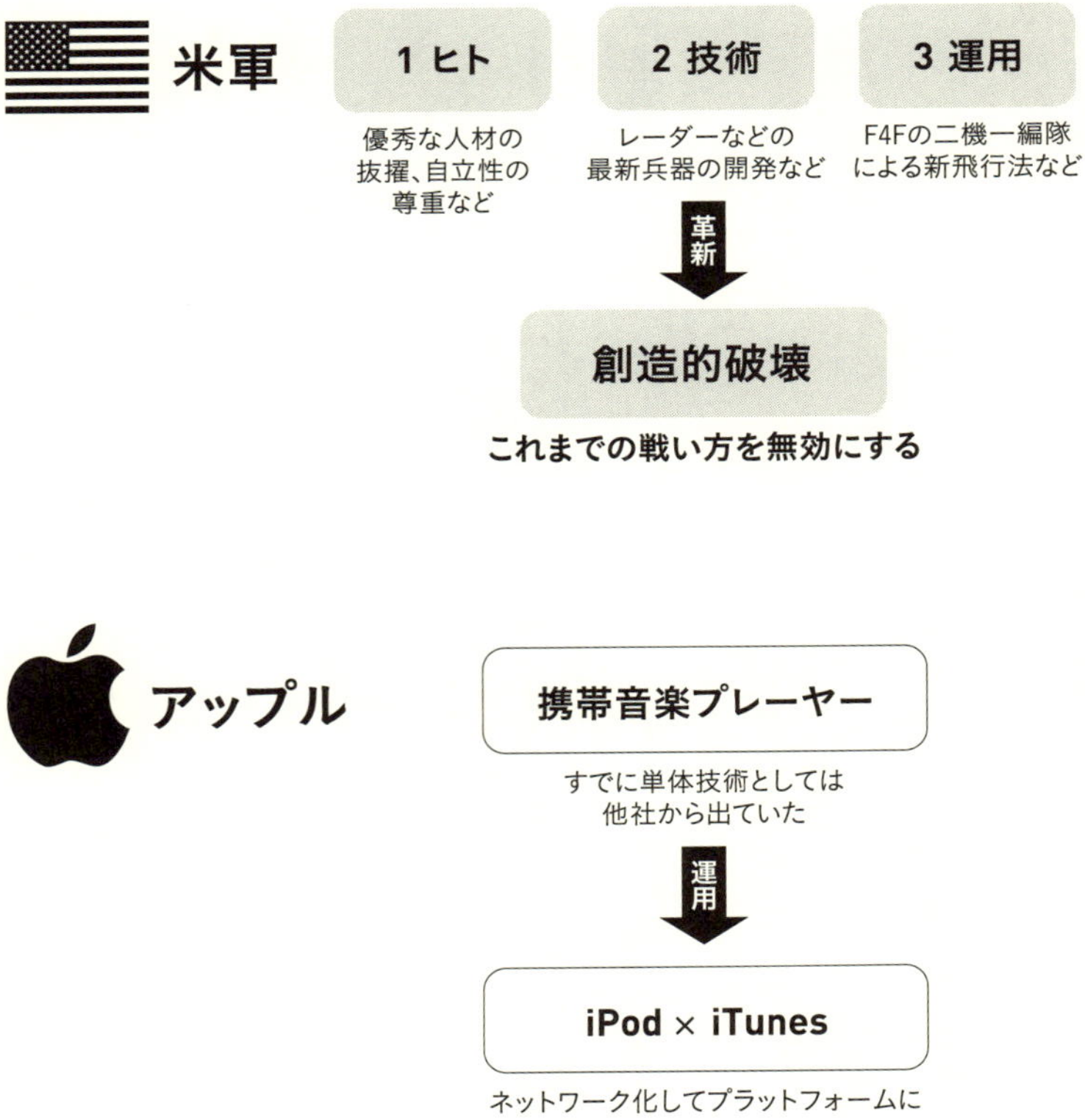
米軍
1 ヒト
優秀な人材の
抜擢、自立性の
尊重など
2 技術
レーダーなどの
最新兵器の開発など
3 運用
F4Fの二機一編隊
による新飛行法など
革新
創造的破壊
これまでの戦い方を無効にする
アップル
携帯音楽プレーヤー
すでに単体技術としては
他社から出ていた
運用
iPod × iTunes
ネットワーク化してプラットフォームに

によるオープンソースを普及させながら、事業収益を極大化することに成功しています。

「創造的破壊による自己革新」から生まれたさまざまな戦略と新技術は、太平洋を挟んだ日米戦争においてゲームのルールを根底から変えてしまい、日本軍の個々の達人的技能を封じ込めました。

「旧来優れた達人が頼っていた要素」を凌駕するために、ルールを変えてしまう戦略行動は、現代ビジネスシーンでも繰り返し行われ、現在の世界市場で日本企業の栄枯盛衰を左右する重大な要因となっているのです。

まとめ

既存の枠組みを超えて「達人の努力を無効にする」革新型の組織は、「人」「技術」「技術の運用」の三つの創造的破壊により、ゲームのルールを根底から変えてしまう。

失敗の本質

07

プロセス改善だけでは、問題を解決できなくなる

日本軍の既存の知識を強化する学習

『大辞泉』によると、プロセス（process）は以下の意味を持ちます。

①仕事を進める方法。手順
②過程。経過
③コンピューターでプログラムなどを動作させる際、CPUが実行するひとまとまりの処理の単位

仮にプロセス＝「過程、経過」と考えると、過程を洗練させる「プロセス改善」とはス

タートラインとなる「思想・手法」を同じままに、その過程を最大限改良することで、結果をより良いものにしていく作業だと考えることができます。

帝国陸軍は、戦闘の基本思想として白兵銃剣主義を持っていましたが、その思想の起点を同じままに、「過程、経過」を極度に練磨させるプロセス改善で白兵銃剣主義が達成できる極限を求めたのです。

白兵銃剣主義の怒涛の戦果

白兵銃剣主義を練磨し、限界まで極めた帝国陸軍は当初、快進撃を続けていきます。例えば、

・香港攻略戦では英軍の主陣地線ジン・ドリンカーズ・ラインを奇襲占拠して劇的勝利

・コタバル上陸戦でいきなり佗美《たくみ》浩少将の兵団約五〇〇〇名が奇襲上陸し、兵団長自ら斬り込んで第一線を抜き、大雷雨を衝いた夜襲を敢行し、飛行場と一帯を制圧

・シンゴラに上陸した佐伯静夫中佐率いる第五師団の先鋒・佐伯捜索連隊は、わずか五八一名で第五師団主力の攻略路を開いてやみくもに突進し、六〇〇〇名で守備する英

軍の堅陣ジットラ・ラインを一日で撃破

など、大東亜戦争緒戦において怒涛の勢いでした。

重砲などの火力にほとんど頼らずに白兵銃剣主義を極めることで、満州・中国・香港・シンガポールへ続く快進撃に成功した事実から、陸軍の戦略思想がますます強化されたのは、むしろ当然だといえるでしょう。

日本海軍は「月月火水木金金」（つまり週末がない）の猛訓練で有名ですが、ガダルカナル島ルンガ沖夜戦では日本軍の物資輸送船であった駆逐艦五隻と警戒隊三隻が米軍に待ち伏せされ、レーダーによって監視された状態から奇襲を受けました。

ですが、日本側は一年半にも及ぶ猛訓練の成果で、逆に米軍に重巡洋艦一隻沈没、三隻大破という大打撃を与えます。

この事例は日本海軍ですが、米軍戦艦のレーダーで動きを察知されていた上で奇襲を受けながら、猛訓練の成果により科学装備上の不利や奇襲の効果を撥《は》ね退《の》けてしまったケースです。

しかし、この快進撃は長くは続きませんでした。

日本軍、ついにプロセス改善の限界点にぶち当たる

日本軍がプロセス改善の限界点にぶち当たる日が、ついに訪れることになります。

ガダルカナル島では、米海兵隊が火砲重装備で待ち構え、島内に集音マイクを据え付けていたことで、日本軍の動きがすべて筒抜けでした（日本語に堪能な語学将校までいた）。

さらに照明弾、曳光弾（光る弾丸で夜間射撃でも弾道が見える）、鉄条網などで得意の夜襲を完全に封じられ、一木《いちき》支隊九一六名のうち、七七七名が戦死。八五％の隊員が死亡しています（『証言記録　兵士たちの戦争②』ＮＨＫ出版より）。

『失敗の本質』でも指摘されていますが、一木清直大佐は実兵指揮に練達した人物で、指揮下の第二八連隊は北国の精鋭部隊。白兵銃剣主義を体現した精強部隊の壊滅です。

インパール作戦では英軍が「円筒陣地」を構築し、上空から物資補給をするという新しい対策で、日本軍の夜襲と斬り込みは完全に封殺されました。

以前の戦闘では連合軍側の陣地を包囲すれば、補給が絶えて敵が降伏したのですが、空中からの補給が継続することで、重砲は大量に撃ってくる上に、日本側の補給はほとんど期待できないという何重もの苦境となり、インパール作戦は失敗。餓死者が続出した「白

骨街道」の撤退が始まります。

同作戦では、要衝コヒマを陸軍の第三一師団（宮崎繁三郎少将指揮）が一旦は占領しますが、味方からの補給が一切途絶え、撤退せざるを得ない状況に追い込まれました。緒戦で華々しい戦果を収めた白兵銃剣主義は、ついにプロセス改善の限界点にぶち当たってしまったのです。

「売れないのは努力が足りないからだ！」は本当か？

「プロセス改善」はスタートラインとなる思想・手法を同じままに、過程を最大限改良することで、結果を良いものにしていく作業だと述べましたが、プロセス改善での成功体験は、努力至上主義や精神論と大変結び付きやすい性質を持っています。

例えば、接客販売をしているビジネスパーソンが、ある一日に全力で接客を頑張ったことで、通常の二倍の売上を達成したとします。これは素晴らしい努力の成果です。努力（プロセス改善）により成果が二倍になる、非常にわかりやすい結果を得ています。

では、年間売上を二倍にするためには、接客販売の担当者全員が「さらに努力する」というだけでいいのでしょうか。

四倍の売上目標達成へは、「四倍の努力」をすることで解決できるでしょうか。

逆に、売上が半分に低下したときには「接客販売者が怠けている」ことが原因のすべてだと判断するのは正しいでしょうか？

当然ですが、販売員が全力を傾けても、店舗売上が半分になってしまうことはあり得ます。

・仕入れている商品の質
・時代（消費者）の流行
・ライバル店の充実度

など別の要素が接客よりも大きな影響を与えていれば「スタッフの努力が同じでも成果は下がる」難しい状況に直面することは、珍しいことではありません。

このようなとき、「接客販売の努力」で成果を改善した経験が多い売り場担当者ほど、強烈な成功体験があるため、販売員の努力が足りないと結論づける傾向にあるようです。

ガダルカナル作戦でもインパール作戦でも、現地日本軍ほど死力を尽くした部隊はおそらくないでしょう。彼らは決死の覚悟で戦い、事実非常に多くの日本兵が戦死しました。

それでも敵陣を突破することはできなかったのです。

「現場の努力が足りない」という安易な結論は、直面する問題の全体像を上級指揮官が正しく把握していないことに本当の原因があるのではないでしょうか。

「ダブル・ループ学習」で問題解決にあたる

『失敗の本質』で紹介されていた、「目標と問題構造を所与ないし一定とした」上で最適解を選び出す学習プロセスを、「シングル・ループ学習」といいます。

「シングル・ループ学習」は、目標や問題の基本構造が、自らの想定とは違っている、という疑問を持たない学習スタイルです。

先の接客販売では「どのように接客をさらに充実させるか」が売上を向上させる唯一の対策と考えて、改善手法を検討する形式がシングル・ループ学習。

「ダブル・ループ学習」とは、「想定した目標と問題自体が違っている」のではないか、という疑問・検討を含めた学習スタイルを指します。

接客以外に売上減少と売上改善の要因があるのではないかという、目標や問題の基本構造そのものを再定義し変革するというスタイルが、ダブル・ループ学習といっていいで

「シングル・ループ学習」と「ダブル・ループ学習」の違い

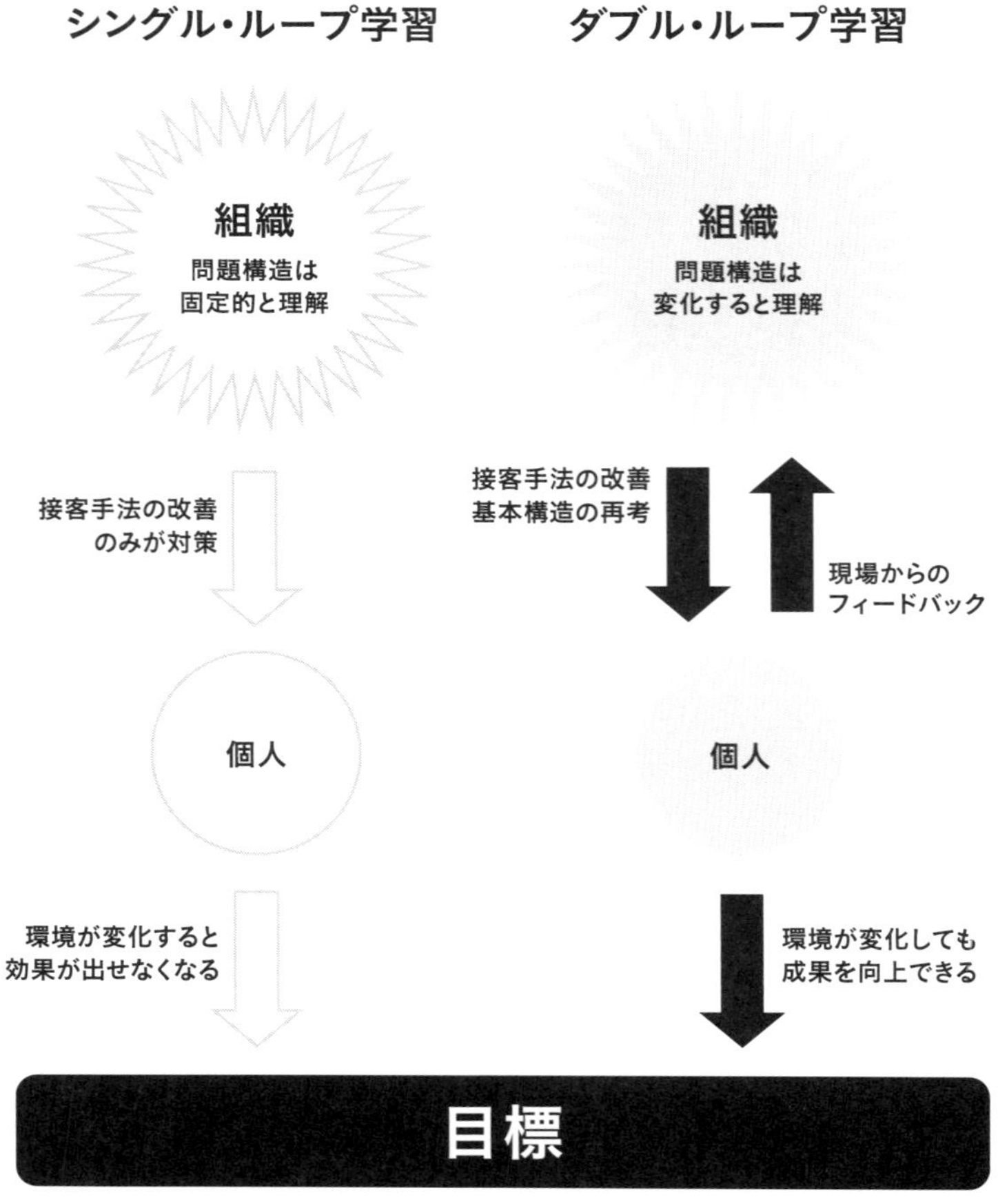

しょう。

ただし、このダブル・ループ学習の実行には、現地第一線の部隊が直面している問題を、組織の上層部や対策決定権者が正確に理解することが前提として必要です。組織学習における個々人からのフィードバックを、効果的に組織全体に反映させる仕組みがなければ、そもそもダブル・ループ学習は実現できないのです。

まとめ

ダブル・ループ学習で疑問符をフィードバックする仕組みを持つ。「部下が努力しないからダメだ！」と叱る前に問題の全体像をリーダーや組織が正確に理解しているか、再確認が必要である。

第3章

なぜ、「イノベーション」が生まれないのか？

最高の頭脳たちでも見出せなかった新しい指標

08 新しい戦略の前で古い指標は引っくり返る

マッカーサー参謀が見つけた指標

「マッカーサー参謀」。あまりに米軍の上陸日程を当てるため、日本軍内でそう呼ばれた人物が存在していました。日本陸軍の参謀、堀栄三です。

実はこの堀参謀は、一九三七年の第二次上海戦について、陸軍大学校の教官から出されたある課題に大きなヒントを見つけ、戦争の後半で日本軍にとって極めて重要なイノベーションの実現に寄与しました（当時、堀は陸大学生だった）。

小沼治夫教官の出題した問いは「一九三二年の第一次上海戦では、日本軍の進軍速度は一日一五〇〇メートルだった。しかし第二次上海戦では、一日の進軍距離一〇〇メートル以下で苦戦した。日本の精鋭第九師団が三七年の戦闘でこれほど悪戦苦闘した理由は何であったか？」というものでした。

堀の著作『大本営参謀の情報戦記』（文藝春秋）には、堀の当時の回答が掲載されていますが、堀の考察の中心となったのは、戦闘の趨勢を決定する「指標」の存在です。

何が戦闘の趨勢を決する指標だと、堀は見抜いたのでしょうか。

それは「鉄量」です。

防備を固めた陣地で、自動小銃や大砲による火力を装備した戦闘では、戦場に投入される鉄量によって勝敗が決まると堀は見抜いたのです。銃弾、爆弾、大砲と防禦《ぼうぎょ》の壁など、その戦場に投入できる鉄量が勝るほうが勝つということです。

堀は「鉄量を破るものは鉄量以外にない」と書き記しています。

この発見はのちに、日本の南洋諸島と沖縄での戦闘方法を大きく変えることになります。

戦略とは「追いかける指標」のことである

第一章でも繰り返し強調しましたが、戦略とは「追いかける指標」であると定義できます。したがって、第二次上海戦で日本の精鋭部隊が敵陣突破に多大な日数を要したのは、敵側が展開した「鉄量戦略」が効果を発揮していたからだと捉えることができます。

ビジネスにおいて、特定の商品が売れる理由を、

・「軽量を追求したこと」であるなら「軽量戦略」
・「耐久性を追求したこと」であるなら「耐久性戦略」
・「販売代理店数を追求したこと」ならば「販売店数戦略」

と表現することが可能です。

言うまでもないことですが、「追いかける指標」が販売に有効に作用しなければ意味はありません。戦略の優秀性とは「追いかける指標」の有効度そのものなのですから。

戦闘の勝敗を決定する「指標」の発見

堀は一九四三年の秋、大本営陸軍部第二部の参謀となり、米軍の戦法研究に入ります。

一九四三年一一月、タラワ島での戦いが行われますが、日米の戦闘について堀参謀はサンフランシスコ放送や外国放送などのラジオ傍受から、米軍の投入した火力の物量を理解

することになります。

砲弾三六〇トン、爆撃は九〇トン。タラワ島への上陸前砲撃と爆撃は合計で四五〇トン。東西たった二・五キロの小島で、日本陣地を一平方キロメートルとすると、なんと四五メートル四方に一トンの砲撃弾という投下量です。

艦砲射撃換算で四五〇〇発、日本軍の陣地正面一メートルに三発の砲撃が撃ち込まれ、一発の有効破壊半径は約一〇〇メートル。

この猛砲撃ではヤシの木一本残らず、陣地はほぼ一瞬で吹き飛んだと推測されます（日本軍戦力約三〇〇〇名、勇戦したが数日で玉砕）。

「鉄量を破るものは鉄量以外にない」と堀参謀は学生時代に気づきますが、米軍の戦闘法研究を開始し、改めて「鉄量戦略」の威力を思い知らされることになったのです。

敵の指標が効果を発揮しない領域を探す

「鉄量戦略」を見抜いた堀参謀は、戦場の現地視察や考察の上、ある結論にたどり着きます。「鉄量という指標」の影響力を発揮させない形の戦闘法への転換です。

・海からの艦砲射撃が効果を発揮しない、島の中央部等に防御陣地をつくる
・米軍への水際攻撃を避ける
・基地防護壁は、敵戦艦の主砲に耐えるコンクリート厚二・五メートル

堀参謀の戦法レクチャーを最初に受けた第一四師団と中川州男《くにお》大佐は、米海兵隊の指揮官が「三日で陥落可能」と豪語した戦地、パラオ諸島のペリリュー島で二カ月近くもの持久抗戦を成功させ、米海兵隊は多大な犠牲を払います（ただし、第一四師団はほぼ全員戦死、中川大佐は自決）。

一九四四年九月のペリリュー島での戦闘以降、日本軍は以前の水際戦闘と銃剣による夜襲、バンザイ突撃を避け、内陸部で堅陣を構築して米軍を悩ませるようになります。一九四五年二月の硫黄島では、栗林忠道中将（最終階級は大将）が島の地形に最適な形で内陸部陣地と地下壕、坑道の要塞を築き、一カ月にわたり世界史に残る大激戦を繰り広げます。

硫黄島での戦闘は、米軍が損害において日本軍を上回る数少ない戦場となりました。

イノベーションを創造する三ステップ

ビジネス的な視点から、堀参謀がどんなことを成し遂げたのか追いかけてみましょう。

ステップ① 戦場の勝敗を支配している「既存の指標」を発見する
ステップ② 敵が使いこなしている指標を「無効化」する
ステップ③ 支配的だった指標を凌駕する「新たな指標」で戦う

この三つを堀参謀は成し遂げ、新戦法はペリリュー島から硫黄島、沖縄戦まで活かされていきます。これらの戦場でも日本は最終的には敗北していますが、米軍が圧倒的な補給を受ける状態にありながら、日本軍側はほぼ武器・食料の補給を望めない状況だったことは考慮する必要があるでしょう。

ちなみに、詳しくは次の項で後述しますが、この「イノベーション創造の三ステップ」は、アップルの創業者であるスティーブ・ジョブズが生涯を通じて行い続けたビジネス上の変革にぴたりと一致すると感じます。

堀参謀は大本営着任以降、一年程度で日本軍に対策をレクチャーする冊子「敵軍戦法早わかり」を印刷配布していますが、米軍の戦略（指標）を正しく見抜いていることで、対応する戦術なども比較的短時間に準備できたのではないでしょうか。

米軍が行ったイノベーションとは

先ほどの「イノベーション創造の三ステップ」に沿って、戦闘で出現した米軍側のイノベーションを解読してみましょう。

戦闘で出現した米軍側のイノベーション
・「サッチ・ウィーブ戦法」……単機戦闘ではなく〝機数の多さ〟という指標
・「レーダーによる迎撃」……目視という従来の指標を超えた〝距離〟の指標

サッチ・ウィーブ戦法

ステップ①　「既存の指標」の発見

零戦は米軍のF4Fより旋回性能が高く、単機でF4Fは零戦に勝てませんでした。米軍は無傷の零戦を鹵獲《ろかく》しテスト飛行を繰り返したことで、零戦が強いのは「旋回性能」という指標を発見します。

ステップ②　敵の指標の「無効化」

Ｆ４Ｆは二機一組で零戦と対峙することで、旋回した零戦がＦ４Ｆの後ろを取った際には、もう一機の味方が零戦を撃墜するポイントに素早く入るようにします。これで零戦の「旋回性能」は勝利の要因ではなくなったのです。

ステップ③　「新たな指標」で戦う

一時、零戦の優れた旋回性能が米軍戦闘機を悩ませましたが、二機を一組とする「連携性」という新しい指標により、米軍が空戦の優位を完全に取り戻しました。

レーダーによる迎撃

ステップ①　「既存の指標」の発見

レーダーが本格的に導入される前は、敵艦を探すための索敵機を空母から飛ばして、相手を発見すると母艦に無線連絡して味方機を出撃させていました。パイロットを含めた「索敵機の活躍」が重要だったのです。敵を先に攻撃する態勢をとれた側が優位に立つという指標です。

ステップ②　敵の指標の「無効化」

索敵機の活躍では、日本軍が先に米軍を発見することもあり、一方的な奇襲として米軍が攻撃を受けることもありました。実際にマリアナ沖海戦でも、日本の索敵機が先に米空母群を発見しており、攻撃隊を先に発進させたのは日本艦隊でした。ところが、米軍のレーダーにより、二〇〇キロ先から日本戦闘機群は発見され、米戦闘機隊は日本部隊より優位な上空で準備万端で待ち構え、一方的に攻撃を加えて勝利しました。

ステップ③　「新たな指標」で戦う

レーダーの登場により、索敵機が敵艦隊を先に発見するという指標の効果は完全に消滅しました。万一日本軍の索敵機が米軍を先に発見しても、攻撃隊は敵艦にたどり着くはるか手前でレーダーに発見されてしまい、待ち伏せをされて殲滅されました。新しい「レーダーの性能」という指標が戦闘を支配することになったのです。

一連のイノベーションの実現は、優位である敵が持っている指標をまず見抜くことが必要であり、その指標を無効化する方法を探し、支配的だった指標を凌駕する新たな指標で戦うことで成し遂げられているのです。

イノベーションを創造する３ステップ

	サッチウィーブ戦法	レーダーによる迎撃
STEP1 「既存の指標」の発見	零戦の強さは「旋回性能」である	索敵機によって先に攻撃の態勢をとれた側が優位
STEP2 敵の指標の「無効化」	二機一組で零戦を挟み打ちにする	レーダーにより、先に敵を発見
STEP3 「新指標」で戦う	F4Fの「連携性」によって空戦を優利にする	索敵機に頼らない「レーダーの性能」で優利になる

世界市場で苦境に陥った日本の主要家電メーカー

二〇一二年三月期の決算で、パナソニック、シャープ、ソニーといった日本を代表する家電メーカーがそろって大幅な赤字を出すことが報じられました。それもパナソニック七〇〇〇億円、シャープ二九〇〇億円、ソニー二二〇〇億円という巨額の赤字です。

世界市場を一時席巻した日本の家電メーカーはどうして苦境に立たされてしまったのでしょうか。答えの一つは「イノベーション（新しい指標）」を生み出さない、高機能を追求している点にあると感じます。

業界は違いますが、イメージが簡単になるように自動車で考えてみましょう。

自動車産業が初期から中期のころ、自動車のエンジンの馬力が高いほど性能が優れ、高価格でした。では、さらに売れるために、エンジンの馬力をどんどん高くすればいいのでしょうか。

現実には、販売ランキングの上位にある車種の多くは数年前から馬力はほとんど変わっていません。速度制限があるために、一定以上の馬力は一般購入者にとっては意味がないからです。

つまり、エンジンの馬力は行き過ぎると消費者の購入指標を左右しなくなるのです（現在は「燃費がいい」という指標が王者です）。

同じことが家電製品やパソコンの性能にも言えるはずです。現在、市販されているテレビの画像は、低価格のものでも「見られたものではない」ほど汚いものは皆無です。韓国や台湾のメーカーでも高性能のものはたくさんあるので、現状から多少画像がきれいになっても、購入判断を変えるような指標になりえないのです。

高い技術力を誇る日本の家電メーカーが苦戦を続けるのは、消費者の指標を変化させるイノベーションではなく、単に技術上の高性能を追求しており、効果を失っている指標を追いかけているからだと推測されます。

もう一つ、日本のメーカーは自信を失ったのか、海外企業の新製品が出たのちに、後追いをする形で多少性能を向上させた製品を販売することも多くなりました。ところが、先行の海外メーカーは、プラットフォーム戦略などで日本メーカーが「単純に指標を奪えない」形で製品展開を進めており、同じ指標で後追いする日本企業をことごとく撃退してしまう状態を生んでいます。

「単純な高機能・高価格」という指標は、すでに無意味になってきているのです。

かつて、ソニーはイノベーションの代名詞ともいえる存在で、創業者の盛田昭夫氏を中心に世界の家電市場を変革した伝説を持ちます。小型ラジオ、家庭用ビデオレコーダー、ウォークマンなどの革新的製品は、「イノベーション創造の三ステップ」を明確に持っていました。

日本メーカーの閉塞感は、指標を差し替える意味でのイノベーションを忘れ、かつて自らが成功を収めた要因を誤解していることで生まれているのではないでしょうか。

まとめ

イノベーションとは、支配的な指標を差し替えられる「新しい指標」で戦うことである。同じ指標を追いかけるだけではいつか敗北する。家電の「単純な高性能・高価格」はすでに世界市場の有効指標ではなくなった。

失敗の本質

09

技術進歩だけではイノベーションは生まれない

ビル・ゲイツを横から眺め続けたジョブズのイノベーション

二〇一一年一〇月に亡くなったアップルの創業者スティーブ・ジョブズは、偉大なイノベーションを成し遂げた起業家として世界で称賛されている人物です。

アップル自体も、二〇一一年には時価総額世界一の企業となり、同氏が育てたアップルブランドは世界中に熱狂的なファンが存在します。

ここでは『失敗の本質』から導き出したイノベーションと、ジョブズが成し遂げた数々の成功の類似点を探ってみたいと思います。

第一章で解説したビル・ゲイツとマイクロソフトの戦略ですが、マイクロソフトのウィンドウズが事実上世界制覇をする過程で、アップルも独自のOSを開発していました。しかし、最終的にはマイクロソフトがOSの世界標準を獲得します。

①「ソフトの互換性」
②「ネットワーク効果」

この二つの効果を熟知していたことが、ビル・ゲイツを王座に押し上げたのですが、当時一部の専門家はアップルが開発したOSのほうが技術的には高い水準にあると指摘しました。

しかし、「技術レベル」とは異なる指標の効果でマイクロソフトは売れていきます。あくまでも想像なのですが、ジョブズはマイクロソフトのOS戦略を最前線で体験し、製品の技術レベル以外の影響力（指標）の重要性に目を見開かされた可能性があると思います。

「ソフトの互換性」「ネットワーク効果」はソフトウェアという特殊な製品が登場する以前には、ほとんど具現化されなかった指標でしょう。マイクロソフトを相手に戦った最前線の経験は、ジョブズが以降のイノベーションを達成するための貴重な示唆となったはずです。

購入行動に影響を与える「新指標」を生み出す

ジョブズは一九八五年に、経営不振からアップルの会長職以外を解任されてしまいますが、一九九六年に再び同社に返り咲き、以後革新的な製品を世に送り出します。

・曲線の外観と斬新なスケルトンカラー、ＰＣのイメージを一新した iMac
・携帯音楽プレーヤーの新ビジネスモデルを創出した iPod と iTunes
・スマートフォンの定義を変え、アプリ戦略でユーザーを爆発的に増やした iPhone

復帰後のジョブズは破竹の勢いで革新的な製品を繰り出しますが、注意深く観察してみると、すべての製品が「過去の指標」を変更する意図を持って生み出されているのです。

工業製品的なイメージだった他社のパソコン、ウォークマンなどの既存音楽プレーヤー、ドコモの i-mode など、極めて緻密に既存流通製品の指標を抽出し、支配的だった指標を差し替える新たな「指標（戦略）」を製品設計で打ち立てているのです。

ここで、先に紹介した「イノベーション創造の三ステップ」を再び思い出してください。

ステップ① 戦場の勝敗を支配している「既存の指標」を発見する
ステップ② 敵が使いこなしている指標を「無効化」する
ステップ③ 支配的だった指標を凌駕する「新たな指標」で戦う

復帰後のジョブズは従来の市場を支配する「既存指標」を徹底的に分析し、その指標を無効化する「新たな指標」を持てる製品のみを世に送り出しているといっていいでしょう。

解任された当時のジョブズと復帰後の活躍には、実は極めて大きなギャップがありますが、これは解任後に彼がたどった経歴にその理由があると思われます。

一つは自身が立ち上げた新ブランドの「Ｎｅｘｔ」。多大な開発費用を投入し、先進的なＯＳと高価な機能を持つ新製品「Nextcube」などを市場に投入するも、結局ハードウェア事業から撤退し、ソフトウェア開発会社となり、最後はアップルに吸収されたビジネス。

もう一つは一九八六年、映画関連の会社、ピクサーを買収してＣＥＯとなったこと。そして、コンテンツの制作（つまり映画をつくる）を企画したのです。

スティーブ・ジョブズのイノベーション

STEP1 「既存の指標」の発見

・工業製品的なデザイン
・処理能力や価格競争
・商品単体で完結する機能性
・通話や通信の高い技術

↓

STEP2 敵の指標の「無効化」

・お洒落なデザイン
・感覚的な操作性
・ネットワーク型の利便性
・オープンソースによるアプリ開発

↓

STEP3 「新指標」で戦う

プラットフォーム化し、技術競争、
価格競争からは一線を引く

四年の歳月をかけて作られた全編CG映画『トイ・ストーリー』を公開し、世界で大ヒットを飛ばします。ピクサーはその直後に上場して、ジョブズはさらに多額の資産を手に入れました。

これは推測なのですが、ジョブズが復帰後に以前とは異なる形で大ヒット商品を企画できたのは、ピクサーでの経験が大いに役立ったと考えられます。

映画は代表的なコンテンツビジネスであり「単純な機能の先進性」では売れません。人気を博すためには、消費者の心の琴線に触れる表現が何より必要とされます。

その上、映画はコンテンツとしてのフィルムだけでビジネスが完結するわけではなく、流通としての「配給会社」、そして再生メディアとしての「映画館」が介在しています。

この構造、何かに似ていると思いませんか？

そう、iPodとiTunesを組み合わせたビジネスモデルそのものです。

映画フィルムを「音楽」に置き換えれば、そのままアップルのiPodビジネスなのです。

これはあくまで想像にすぎませんが、映画業界のコンテンツメーカーであるフィルム会社を経験し、流通と上映を押さえている企業の永続性やビジネスモデルの強固さを体験的に知ることで、ジョブズはiPodとiTunesの構造を思いついたと考えることもできます。

本来のエンジニアとしての素の彼は、おそらくＮｅｘｔに見られる先進的で尖った理想を持つコンピューター開発を志向したのでしょう（解任される前のアップルと酷似）。ところがジョブズは、マイクロソフトと戦ったことでネットワーク効果という指標の威力を痛感し、ピクサーで映画業界に関わることで流通の威力と消費者目線の大切さを知ったのかもしれません。

物事から指標を発見する炯眼《けいがん》と、体験的な学習能力を併せ持った彼はデジタル時代を代表するイノベーターに変身して復帰、アップルを時価総額世界一に押し上げる活躍をすることができたと推測します。

ダブル・ループ学習とイノベーションの関係

シングル・ループ学習とダブル・ループ学習の違いを思い出していただきたいのですが、シングル・ループ学習とは「目標や問題の基本構造が変化しない」と考える学習法でした。一方の、ダブル・ループ学習は「想定した目標や問題自体が間違っているのではないか」という疑問・検討を含めた学習法です。

『失敗の本質』で、二つの学習法が区分されているのには意味があります。

イノベーションの創造を考える場合、ダブル・ループの学習者は常にシングル・ループの学習者を一方的に攻撃できる能力を持つからです。

パソコンの処理速度　消費者が購入する唯一の指標（シングル・ループ）
別の魅力を生み出す　性能以外の購入指標を持ち込む能力（ダブル・ループ）

二つの学習法が説かれている理由は、戦闘の趨勢を分けたイノベーションが存在していたことの証拠であるとも感じます。右記のパソコンの購入指標の比較を考察すれば、ダブル・ループ側にとって、常にシングル・ループ学習者はカモだということがおわかりいただけるかもしれません。

『失敗の本質』が示唆したイノベーションのヒント

スティーブ・ジョブズの偉大な功績は、ビジネス界の伝説そのものですが、本書の理解ではその原動力は、天才が何らかの啓示的なもので成し遂げたことではなく、「イノベーション創造の三ステップ」を明確に頭の中で反芻し、その公式に当てはまる状況をつくり上げた結果だといえます。天才的なひらめきだけでは、生涯に何度も成功を再現できないはずだからです。

一方、戦後日本経済の繁栄を支えた企業からは、世界中に製品を普及させる優れたイノベーションが多数生まれましたが、現在新たなイノベーションを生み出せず、過去の輝きを失いつつあることが危惧されています。

それら日本企業の失速の要因は、ゲームのルールの中でだけ戦っていたことと、既存の指標を覆す方法を知らなかったからではないでしょうか。

同時に、戦後の大躍進時代には、日本人特有の体験的学習を洗練させ、意図しない形でいくつものイノベーションを成し遂げていました。

イノベーションをつくり出すには、現時点で支配的に浸透している「指標」をまず見抜く必要があります。体験的な学習が陥りがちな、成功体験の単なるコピーではなく、対象の中に隠れて存在する「戦略としての指標」を発見する思考法に慣れるべきなのです。

戦後経済で躍進した日本企業のイノベーションは意図せぬ発見であり、現在の閉塞感は、イノベーションに必要な相手の指標を見抜く必要性をこれまで日本人が明確に理解していなかったからです。

名著『失敗の本質』が読み継がれる理由は、戦略とイノベーションを戦争のダイナミックな展開から浮かび上がらせる、極めて深い考察にあると感じています。

私たち日本人は、イノベーション創造の入り口への重大なヒントをすでに得ていたのです。世界中の市場を歩きまわり「得意の体験的学習」と「イノベーション創造の三ステップ」の両輪を活用すれば、新たな飛躍の時代を迎えることができると確信しています。

まとめ

日本人は体験的学習から過去いくつものイノベーションを成し遂げたが、計画的に設計されたイノベーションを創造するためには、既存の指標を見抜き、それを無効化する新しい指標をダブル・ループ学習で見出す必要がある。

失敗の本質

10

効果を失った指標を追い続ければ必ず敗北する

勝利に必要な指標を見抜く力があるか

これまで、大東亜戦争の日米軍と、ビジネスにおけるイノベーションの共通点を分析してきましたが、あらゆる成功の起点は「勝利するために必要な指標」を見抜く眼力だと言えます。

ミッドウェー作戦で、米軍側が「日本軍空母だけを攻撃目標とする」と厳命したことは、戦闘の勝敗を分ける指標が「空母の存在」であることを把握した上での指示ですし、ガダルカナル作戦で「重火砲の陣地」を徹底構築したのは、陸戦が鉄量戦略で決まることを見通して行われた対策だったからです。

この点を考えると、勝敗を左右するのはどちらの側がより正確に勝利への指標を理解しているかだと考えられるのです。

日本軍はミッドウェー作戦において、島の占拠か敵機動部隊を攻撃するかで迷い、さらに味方機を収容するか、攻撃機を先に発進させるかでも迷っています。味方機をどれほど収容しても、作戦の勝利は確定しませんが、敵空母に殺到する零戦が多ければ多いほど、日本軍の勝利の確率は高くなったはずです。何を追いかけるべきか、勝利に必要な指標を見抜いていれば答えは明白だったのです。

効果を失った指標から離れる難しさ

零戦は大東亜戦争初期に、防弾装備を持たない軽量さで空戦性能を高め、米軍の戦闘機を大いに悩ませますが、空戦性能を無効化する米軍のイノベーションにより、次第に被撃墜率が高まっていくことになりました。

第一章でインテルがマイクロプロセッサ装置（MPU）の開発で、日本企業とは別の指標を追いかけたことで、最終的にシェア八割を獲得したと書きましたが、逆の視点から考えると、シェアを急速に失った日本企業が追いかけていた指標は、すでに「効果を失っていた」と判断せざるを得ないでしょう。

ＤＲＡＭ（メモリ）はもともと発明をした米国メーカーが世界シェア一位だったものを、日本が一九八〇年代初めには、世界シェアで追い抜き一位となりました。

ところが以降はシェアを失い続け、日本に唯一残っていたＤＲＡＭ専業メーカーであるエルピーダメモリ株式会社も、二〇一二年二月に会社更生法適用を申請しています。

書籍『日本「半導体」敗戦』（湯之上隆／光文社）には日本の半導体がシェアを失った理由として、日本のメーカーがＤＲＡＭ業界のイノベーションに対応できなかったことが指摘されていますが、効果を失った指標から離れ、新たに有効な指標を追いかけることができなかったことが、勝敗を分けたのではないでしょうか。

コダックと富士フイルム、イノベーションへの対応の違い

技術的なイノベーションが出現することで、既存の製品群が極めて不利な状況に追い込まれることがあります。現在私たちが日常使っている、デジタルカメラの普及により、現像が必要な従来の化学フィルムを使用したカメラはほとんど見かけなくなりました。

この劇的なイノベーションにより、大きな影響を受けた会社の一つがイーストマン・コダック・カンパニーです。世界で初めてカラーフィルムを発明した会社であり、黄色いフィ

ルムの箱で世界中に親しまれたブランドです。この偉大な歴史を有する会社は、本拠地の米国では二〇一二年一月に破産法の申請をしています。

一方、日本での写真フィルムでナンバーワンのシェアを持つ富士フイルム株式会社は、デジタルカメラ時代の変化に対応し、二〇一〇年度の連結売上高二兆二一七一億円のうち、従来のカラーフィルムの売上高は約二パーセントに過ぎません（同社公式サイトより）。現在では、富士フイルムはヘルスケア分野にも進出しています。

思い出していただきたいのは、「戦略とは追いかける指標」であるという本書の定義です。巨大な影響を及ぼすイノベーションが起こったとき、皆さんの会社が何を指標として追いかけることで、勝利を得ることができるのか。デジタル時代の本格化と同時に明暗を分けた二つの企業の差は、それぞれ追いかける指標が異なっていたことで生まれたのではないでしょうか。

高い性能を目指すか、イノベーションを目指すのか

すでに何度も出てきていることですが、イノベーションは既存の指標（戦略）を差し替える形で新指標を打ち出します。この点を考えると、単純に高い性能を追いかけるのか、

イノベーションを追いかけるのかは違う行動だとわかります。

画像が美しくなること、スピードがより速くなることで、消費者側の購入指標が変化するのであれば、技術的な改善がイノベーションに直結していることになりますが、処理速度が速くなっても、消費者が「これを購入したい！」と思わない変化であれば、それはイノベーションではないのです。

海外メーカーのスマートフォンが大いに売れるのは、従来の携帯電話とは違う購入指標を意図的に実現しているからでしょう。

サイズであれば、小さくなることがイノベーションではなく、「購入する動機を変化させる（判断の指標が変わる）」サイズを実現することがイノベーションです。ソニー創業者である盛田氏がトランジスタラジオの「ポケッタブル（ポケットに入る大きさ）」にこだわった理由は、まさにイノベーション創造の三ステップを理解していたからでしょう。

技術開発、高度な新技術を追求することは企業の未来にとって重要なことでしょう。しかし、その技術を利益に変換するには、消費者に製品を購入してもらわなければいけません。

追いかける指標が戦略であるならば、皆さんの会社は「イノベーション戦略」を採用できているでしょうか。何を追いかけるとしても、企業利益に結び付く指標を追いかけていく必要があることは間違いありません。

まとめ

イノベーションは既存の戦略を破壊するために生み出されており、効果を失った指標を追い続けることは、他社のイノベーションの餌食となることを意味する。高性能とイノベーションは偶然重なることもあるが、本来は別の存在である。

第4章

なぜ「型の伝承」を優先してしまうのか？

権威と盲信を生み出す組織文化

失敗の本質

11 成功の法則を「虎の巻」にしてしまう

日米軍の「強み」の違いが勝敗を分けた

要点を忘れないために、これまで見てきた日米軍それぞれの強みをもう一度検証してみましょう。

日本軍の強み

・体験的学習によって偶然生まれるイノベーション
・練磨の極限を目指す文化

米軍の強み

・戦闘中に発生した「指標（戦略）」を読み取る高い能力
・相手の指標（戦略）を明確にし、それを差し替えるイノベーション

戦略とは「追いかける指標」であると再三説明してきましたが、戦闘初期には日本軍は意図せずに体験的学習からイノベーションを実現しており、同時に練磨の文化により、既存の戦略思想がその威力の極限に達していたことが快進撃の理由だと思われます。

しかし、鍔《つば》ぜり合いをするように戦闘を重ねていくと米軍は、戦闘の中で発生している指標を確実に読み取ってくるため、日本軍は、米軍が戦略を純化させてくるスピードに追いつけなくなるのです。

その上で日本軍側の指標を差し替えるイノベーションを米軍から仕掛けられてしまうと、日本軍は柔軟な対応ができず、劣勢に追い込まれていくのです。

戦闘を重ねる中で米軍だけが勝利していった理由

このような構造は、大東亜戦争の推移だけではなく、戦後経済の初中期に、日本人と日本企業が世界中で大躍進した事実も、そして一九九〇年代以降の停滞も説明できることに

なります。

新戦略である「追いかける指標」は、戦闘を重ねる中で自然発生的に生み出される場合もあれば、日本企業のように意図せずに新戦略を発見することもあるでしょう。

しかし、戦闘の中で発生している指標を見抜く能力が高いほど、戦略を純化させる速度は速く、しかも意図的に戦略構築をすることが簡単になります。

したがって、特定の環境下における「後半戦」は、米軍側の勝利が急速に増えていき、日本軍は、過去の指標（戦略）が機能しないことに戸惑い右往左往する間に、勝敗を決められてしまうことになったのです。

成功の本質ではなく、型と外見だけを伝承する日本人

『失敗の本質』が指摘する、日本海軍の硬直性を表すものに「海戦要務令」があります。

日露戦争時、日本海海戦で参謀として活躍した秋山真之がのちに起草した「海戦に関する綱領」が基となっていますが、三〇年以上経過した大東亜戦争時には「海戦要務令」が設定するような戦闘場面は、ほぼ発生しなかったと当時の軍人も発言しています。

日露戦争の劇的な勝利が、活用できる戦略（指標）ではなく、単なる形式として受け継

がれたと考えるべきなのでしょう。戦略の定義の曖昧さも、伝承劣化の進行に拍車をかけたはずです。本来、秋山真之が伝承したかった「勝利・成功の本質」ではなく、単なる表面的な事項だけがのちの海軍に受け継がれてしまったのです。

別の視点として指摘したいのは、日本人と日本組織の中には、過去発見されたイノベーションを戦略思想化し、「虎の巻」としたい欲求が存在することです。

組織をつくり上げる際に、権威として戦略を虎の巻化する習慣・文化を持つのであれば、もともと学ぶべき点が多かった組織内の過去の成功者の事例を、劣化・矮小化させて伝承することになります。

体験的学習と共にイノベーションの本質を直感的に理解した優れた日本人経営者の企業は、戦後経済において世界的なブランドにまで躍進しました。それが、現時点で不振にあえいでいる様子を見ると、過去の経営者の成功体験を「単なる形式」としてだけ伝承し、当時なぜ成功を収めることができたか、という「勝利の本質」がまったく組織内に伝承されていないことが、急失速の原因なのではないでしょうか。

頭を使っているつもりで実は堂々巡りをしていることがよくありますが、本質を議論する能力ではなく、単なる型の伝承で教育を行った集団には特にその危険性があります。

乗り越えられない問題は、実は視点の固定化が生み出しているかもしれないのです。

日本軍が戦局の転換で大混乱に陥り、正しい戦略策定をほとんどすることなく、やみくもに「同じ行動」を繰り返して敗北する様子は「本質を失った」型の伝承を想起させます。

本来戦場の中で新たに発生する戦略（新指標）や、敵軍側の攻勢に内在する指標としての戦略を見抜き、検討する能力がなければ変化を乗り越えることは不可能です。

その上、勝利の本質を教育するのではなく、「型の伝承」のみを十数年にわたり教育した集団では、過去の方法が通用しないだけで大混乱に陥っても何の不思議もありません。

まとめ

日本軍と米軍の強みの違いが、大東亜戦争の推移と勝敗を決定した。「型の伝承」のみを行う日本の組織が「勝利の本質」を伝承できていないことで、強みを劣化・矮小化させて次世代に伝えている。

失敗の本質

12 成功体験が勝利を妨げる

過去の成功体験が通用しなくなるとき

『失敗の本質』で解説されている六つの作戦の最後となる「沖縄戦」は、現地第三二軍の八原博通大佐が大本営の主張する「航空戦力至上主義」に対して大きな疑問を抱くところから始まります。

中央の大本営は航空戦力至上主義を元にした作戦を提示するのに対し、現場最前線にいた八原大佐は、

・日本軍、沖縄周辺の航空戦力の実態（極めて弱体化していた）
・これまでの日米航空作戦の経緯（過去敗北を重ねている現実）

などの点から、上層部が盲信する基本方針がすでに機能しないことを看破し、水際防禦と飛行場守備を放棄、内陸部に陣地を構築して持久戦の遂行を立案します。

『失敗の本質』には、米軍の上陸前準備砲撃を眺める八原大佐の心境を戦後に書かれた『沖縄決戦』（八原博通／読売新聞社）から抜粋した箇所があります。

「それにしても、ほとんど無防備に近い海岸に、必死真剣な上陸をしているアメリカ軍を見ていると、杖を失った盲人が手探りに溝を越える恰好に似てとてもおかしい。しかも巨大な鉄量——アメリカ軍側の戦史によれば、彼らがこの上陸準備砲撃に使用した砲弾は、五インチ以上の砲弾約四万五〇〇〇、ロケット砲弾約三万三〇〇〇、臼砲弾約三万三〇〇〇、それに投下された爆弾は多量だ——を浪費している。防者として、こんな痛快至極な眺めがあろうか」

「痛快至極」と八原大佐がのちに語ることができたのは、水際防禦という方針を放棄できたからです。基本方針であった水際防禦と飛行場守備を盲目的に実行していれば、この猛砲火に日本軍は曝《さら》されたはずです。八原大佐が戦後に本を書き、極めて感慨深い印象を書籍に残すこともおそらくできなかったでしょう。

よく観察すると、大本営は「過去の成功体験の再現」を強く希望し、一方の八原大佐は、戦地最前線の実情に対して問題解決に取り組んでいることがわかります。

体験的学習だけに依存する場合、「成功体験のコピー・拡大生産」こそが戦略だと誤認するわかりやすい事例だといえるでしょう。

戦略の本質にたどり着いたインテルのCEO

アンディ・グローブは第二次世界大戦中に、ナチスのユダヤ人迫害から逃れ、オーストリア経由で最終的にアメリカに移住し、インテル三番目の社員から、のちに同社のCEOになる立志伝中の人です。

インテルは基本製品となるDRAM（半導体メモリ）の会社として一九七〇年代に大成功を収めましたが、一九八〇年代にはマイクロプロセッサ（CPUおよびMPU）による売上高が急増し始めていました。

そして、一九八〇年代半ば、インテルを二つの衝撃が襲います。

一つはDRAMのコモディティ化（汎用製品化）、もう一つは安価高性能な日本企業の

DRAMの世界市場への怒涛の挑戦です。日本企業は巨大かつ超高効率な工場でDRAMを生産し、インテルを追い落とすべく低価格攻勢を繰り広げたのです。

『なぜリーダーは「失敗」を認められないのか』(リチャード・S・テドロー著/土方奈美訳/日本経済新聞出版社)には、日本企業の大攻勢の前に、インテルの経営陣、社内が苦しむ当時の様子が詳しく書かれています。

「彼らは会議に次ぐ会議を重ね、しかも結論を出すことができませんでした。グローブによれば『我々は方向感覚を失い、死の谷をさまよっていた』」

聡明な経営陣と社員を持つインテルが、なぜこれほどDRAMの戦略選択に苦しんだか、三つの理由が述べられています。

①DRAMはインテルの技術的な推進力であったから
②DRAMは最新鋭の工場が製造し、インテル社内の最強チームが担当していたから
③インテルの経営陣がDRAMを自社のアイデンティティだと信じていたから

『失敗の本質』が示唆する、基本戦略に沿った資源の投入が行われており、インテルが自社をメモリ会社であると自認することで、メモリの生産と開発に多くの社内人材、資源が振り向けられていた状態だったのです。

一年後、インテルとグローブは、ある質問を思いつくことで、ついに答えを見つけ出します。

「僕らがお払い箱になって、取締役会がまったく新しいＣＥＯを連れてきたら、そいつは何をするだろう？」

この質問を経営陣自らが発したことで、インテルは「ＤＲＡＭ撤退」という正しい答えをやっと導き出すことができたのです。

しがらみや偏見、先入観がゼロである優秀な第三者のＣＥＯがインテルにやって来た場合、明らかに汎用品となり価格競争の激しいＤＲＡＭから撤退すると予測したことで、インテルの経営陣はようやく「古い虎の巻」を手放すことができたのです。

インテル経営陣の事例から、当初彼らも成功の本質を「外見的なもの」「型」だと認識していたことがうかがえます。

DRAMを生産することは、本来「勝利の本質」としての戦略から生まれた外形にすぎないはずですが、DRAMの生産こそが勝利の本質だと固く信じたことで、長期にわたる迷走を生み出していたのです。

体験の伝承ではなく「勝利の本質」を伝えていく

沖縄戦における大本営の固執が、以前の成功体験をそのままコピー・拡大生産することを「戦略」であると勘違いすることから引き起こされていることを説明しましたが、インテルの経営陣も、一時的に同じ思考に陥っていたことが推測されます。

ここでの議論は、体験的学習の効用をすべて否定するものではなく、あくまで両者は併存しなければならないものだということは注意すべきです。

特定の業務、技術的スキルに関しては「型の伝承」は必要不可欠でしょう。しかし、「型の伝承」と「勝利の本質」は明確に区分されて、ともに伝えられなければいけないのです。

そうしなければ、今ある姿を維持することが組織全体の正義となり、おかしなことに勝利を追求するための議論と変化さえ、ほぼ全員で強固に否定する歪んだ集団になりかねないのです。

まとめ

戦略を「以前の成功体験をコピー・拡大生産すること」であると誤認すれば、環境変化に対応できない精神状態に陥る。「型のみを伝承」することで、本来必要な勝利への変化を全否定する歪んだ集団になってしまう。常に「勝利の本質」を問い続けられる集団を目指すべき。

失敗の本質

13 イノベーションの芽は「組織」が奪う

日本でもレーダーは開発されていた

第三章でもふれましたが、米軍と日本軍の対戦において、レーダー技術の開発は戦闘に大きな影響を与えました。

一九四四年六月に行われたマリアナ沖海戦は、空母対空母での日米海軍決戦となりましたが、レーダーによる戦闘機の待ち伏せやVT信管の登場で終始米軍が圧倒し、日本は航空機の七〇％以上、約四〇〇機の戦闘機を失います。この戦闘で日本側は空母三隻を撃沈され、第一機動艦隊は事実上崩壊しました。

では、戦局を大きく変えた最新兵器レーダーは日本では開発されていなかったのでしょうか。いいえ、一部の日本人は懸命に開発努力をしていたのです。

『電子兵器「カミカゼ」を制す』（中島茂／NHK出版）は、日米のレーダー開発の経緯を比較した書籍ですが、一九四一年春には、日本海軍がレーダー開発について本格的な動きを見せたことが書かれています。きっかけは一九四〇年末に日本が陸海軍合同で派遣したドイツ視察団です。

この視察で、無線技術担当の伊藤庸二中佐が、ドイツ軍が実戦配備していた対空射撃用レーダー「ウルツブルグ」の兵器としての威力に驚き、性能に関する詳細な報告書を海軍に届けたことがきっかけになりました。

日本国内ではなく、当時進んでいた欧州ドイツの視察によりレーダー技術の重要性が日本軍へもたらされたことは、注目に値します。

一九四一年の八月、海軍技術研究所で伊藤中佐を主任としてレーダー兵器の開発が始められますが、日本人科学者たちは、予想外の大きな壁に何度も阻まれます。

勝利の本質を議論できない集団

「予想外の大きな壁」とは何だったのでしょうか？

日本軍部・軍人のレーダー兵器に対する「理解のなさ」と「徹底的な軽視」です。

海軍軍人たちは、自分たちの知らなかった技術・兵器であるレーダーの重要性を、ほとんど理解することがなかったようです。

・電波を出して敵を見つけて、その敵を攻撃するなんてことは起こり得ない
・ほとんどの軍人はレーダーの発想を「バカげた戦い方である」と考えていた
・製作したレーダーに対して「こんなものは兵器として使えない」と難癖をつける
・艦政本部の兵器管掌をする責任者まで「レーダーなんていらない」という始末

あげくの果てに、研究所のスタッフが試作品を戦艦に設置しようしても、電探（電波探信儀＝レーダー）の設置場所をもらえない。「こんな簪《かんざし》みたいなもの、艦橋につけるわけにはいかない」と、アンテナのスペース確保を拒否される。

電探の本体を置く部屋も断られ、甲板の隅に仮設の場所を作って、そこに電探の本体を置くしかないという極めてひどい扱いを受けます。

科学者たちの懸命なレーダー開発をよそに、海軍軍人の多くは当時、レーダー兵器を「守りの兵器」「使えない兵器」と小馬鹿にしていたのです。軍人側が価値観を覆せなかったことで、組織全体で日本人科学者たちを極めて厳しい状態に追い込んでいました。

当時、レーダーの中核技術である電力磁電管（マグネトロン）の研究においては、日本はアメリカよりもはるかに進んでいたと言われています。

これら優位性を活かすことができなかった大きな要因は、「日本海軍という組織が既存の認識を変えることできなかった」からです。海軍の強固な思い込みが、民間研究者たちの成功の扉を固く閉ざしていたのです。

量産を依頼された民間会社の二人が逮捕される珍事

さらに日本軍側のレーダー軽視の価値感は、さまざまな面でレーダーの実用化を激しく妨げることにつながります。

一九四二年一二月に「二号二型レーダー」の量産が、開発側の伊藤中佐の強い働きかけで決定されたときのエピソードが前出の『電子兵器「カミカゼ」を制す』で紹介されています。

日本版レーダー「二号二型」の量産命令が下ったのに、海軍は量産を請け負った会社に十分な資材を用意しませんでした。

そのため、愛国心あふれる民間会社の重役が、海軍から支給されなかった資材をヤミ市から入手し「二号二型」の製造にあてたところ、なんとヤミ物資調達が警察に見つかってしまい、量産を引き受けた民間会社の重役と経理部長が警察に逮捕されるという、なんともおかしな事態が起こってしまいます。

しかも、電探は当時機密扱いになっていたことで、検事に尋問されても事の真相を話すことができず、民間会社の二人は困り果てます。結局、会社側が海軍にかけあい逮捕された二人を海軍高等官嘱託に任命してもらい、ようやく釈放されました。

レーダーに関わるセクションでは開発の必要性を認めても、海軍全体の価値観(総意)として、レーダーの重要性は認識されていなかったのです。そのため「二号二型」製造に必要だった資材が、他の部門に配布されてしまい珍事を発生させたのです。

組織がチャンスを潰す

伊藤中佐のドイツでの視察から、レーダー兵器の重要性を「報告された」海軍は、組織全体の価値感としてその認識を新たにすることができなかったのでしょう。開発は米軍に大きく遅れ、マリアナ沖海戦では第一機動部隊が事実上消滅する大敗北を喫します。

一方、アメリカはレーダーを、部隊を指揮するための主要兵器として位置づけており、新兵器の機能を十分に把握し、戦場で最大限効果を発揮できるように戦術を立てました。

技術革新を可能にするブレークスルーは、日米どちらの科学者も懸命に探し当てようとしていたはずです。しかし、全組織に浸透する意識があまりに違うために、日本の科学者には強い逆風が、アメリカの科学者には追い風が常に吹くことになったのです。

ドイツ視察で直接兵器の威力を見ている伊藤中佐と、開発に従事した日本人科学者には「イノベーションの芽」が見えていたにもかかわらず、典型的な組織セクショナリズムでチャンスを潰すことになりました。

敗戦色濃くなった時期、一九四四年の後半くらいから、軍人たちは戦いに負けると「電探で負けた。電探で負けた」と、主張し始めたそうです。科学者たちは、彼らの言葉を聞いて、さんざん開発に対して冷たい仕打ちをしておきながら、と思ったそうです。

技術的イノベーション自体は、個人の研究者・科学者が行うことができても、成果に育てられるかどうかは、組織内に浸透する意識構造に非情なまでに左右されてしまいます。

組織全体に対して「勝利の本質」ではなく、「単なる型」を伝承している場合、型を伝承している側（大多数）は、同じ組織内で新戦略やイノベーションを発見した人物（少数派）を排除しようとする意識を持つことになります。なぜなら、まさに自分たちが信じてきたことを覆すネガティブな存在の出現に映るからです。

単なる型の伝承を組織内教育として何十年も行ってきた集団にとって、勝利の本質への議論の転換は、まさに自分の敵が登場したことに等しい脅威です。このように「本質ではない型の伝承」によって、組織はイノベーションを敵対視する集団に劣化してしまうのです。

まとめ

一人の個人が行うイノベーションでさえも、組織の意識構造によって生み出されるか、潰されるかが左右される。「型の伝承」から離れ、「勝利の本質」を伝承する組織になることで初めて、所属するすべての人間が変化への勝利に邁進できる集団となる。

第5章

なぜ、「現場」を上手に活用できないのか？

優秀な人材まで殺す硬直組織の過ち

失敗の本質

14 司令部が「現場の能力」を活かせない

往復二〇〇〇キロのガダルカナル制空で壊滅

日本軍の上層部、作戦立案担当者は「現場を活かす」ことが徹底的に不得手でした。ガダルカナル作戦では、ラバウル航空基地に五六〇海里（約一〇〇〇キロ）の遠距離にあるガダルカナル島へ攻撃を命じ、同航空隊の名手・熟練パイロットと戦闘機を多数失います。

戦闘機の運用常識を、作戦立案者が無視したからです。長時間飛行は大変な疲労を伴うものであり、一時驚異的な航続距離を誇った零戦二一型でさえもガダルカナル島上空での滞空可能時間がわずか一五分のみ。これでは勝てるはずもありません。

現場を活かすどころか、「現場を殺す」命令なのです。

上層部が最前線と現場の実情をまったく無視した作戦を強行し、日本軍は零戦の名手が多いことで名高いラバウル航空隊を自ら壊滅させてしまいます。

知らない現場もわかっていると思い込む傲慢さ

日本軍の組織運営の失敗に共通する点は、大きく二つあります。

①上層部が「自分たちの理解していない現場」を蔑視している

机上の空論に近い作戦立案の弊害は、インパール作戦で二〇〇〇メートル級の山脈地帯への進軍をほとんど補給なしで行わせたときにも露見していましたが、上層部が遠方にある現場の考えや意見を蔑視する大いなる傲慢さが、組織全体、特に命令に従う現場第一線に大きな悲劇をもたらしています。

②上層部が「現場の優秀な人間の意見」を参照しない

日本軍の上層部は現場の優秀な人間の意見を取り入れて戦略の立案に活かすという意図が見えません。

現場最前線からのフィードバックを頻繁に取り入れて活用した米軍とは好対照だと言えるでしょう。

米軍のレーダー開発に見る「現場チームの使いこなし方」

日米航空戦の成否を決定づけた一つの要因である、高性能なレーダー開発について、アメリカ海軍開発研究所のスタッフによる興味深い逸話があります。

「研究所に対する海軍当局の方針は、研究とその評価については、もっぱら我々科学者が担当して、軍人はこれにまったく関与しないということでした。研究所は海軍の管轄下にあったのですが、研究については軍人よりも科学者のほうが通暁していることを認めて、民間人である科学者にまかせていたのです」(前出『電子兵器「カミカゼ」を制す』より)

「研究は科学者のほうが熟知している」ことを認めたことで、将校と研究所スタッフの情報交換が非常に活発に行われ、スタッフの自主性を引き出すことにも成功したのです。

米軍は、現場に優秀な人材を発見した場合、彼らの自主性・独自性を最大限活用し、最

日本軍と米軍の現場活用の比較

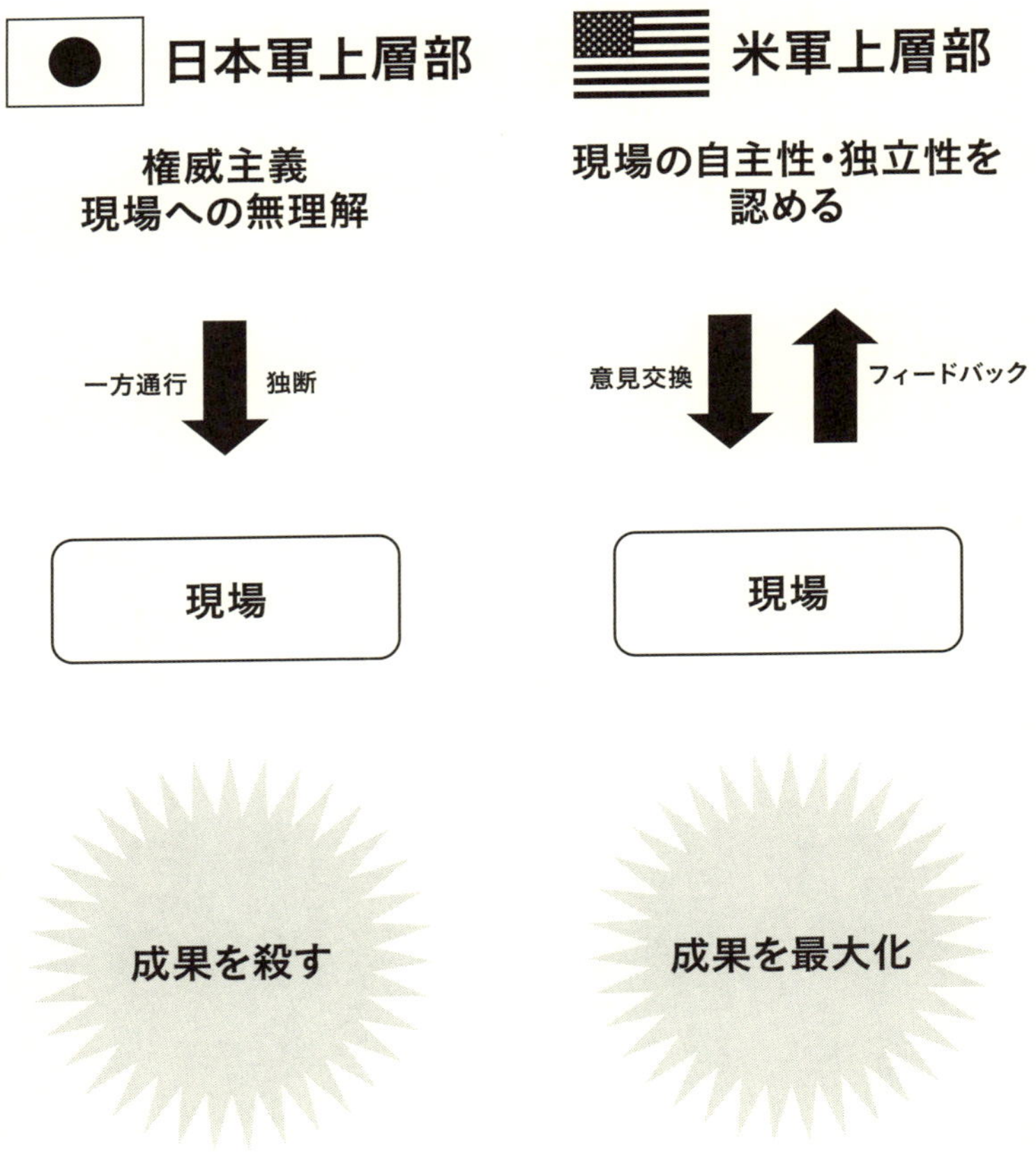

高の成果を生み出せるように導いていました。

科学的思考を無視され、唖然とする日本人科学者

前章でも述べましたが、日本でもレーダーの開発は進めており、マイクロ波を発生させるレーダーの主要装置マグネトロン研究については、アメリカより進んでいたといわれています。

しかし、レーダーの電波で敵を見つけ出して攻撃するなど当時の日本軍人には思いもつかず、日本の科学者たちは、馬鹿げた戦い方だとさんざん非難されるなかで、孤独な研究を強いられます。

極めつけは、前述の「マリアナ沖海戦」において、日本機動隊が大打撃を受けたのち、反撃のため出撃させた艦上攻撃機「天山」一〇機の逸話です。

夕方から発進する夜間攻撃隊として「天山」は出撃したのですが、帯同していた日本人科学者が苦労して取り付けたレーダーを、戦果にあせる攻撃隊のパイロットたちが全部取り外してしまい、その代わりに魚雷を搭載して出撃したのです。

この光景を見て、日本人科学者は「ほんとうに驚いた」と述べています。

結局、夜間攻撃隊は敵を発見できず、戦果のないまま帰艦しました。せめて一機か二機でもレーダーを装備して出撃すれば、戦果を挙げられたかもしれません。

日本軍は、自分たちのわかっていない「現場の力」について蔑視する志向が強く、日本人科学者のレーダー開発の成果を、戦闘現場に活かす柔軟性がまったくありませんでした。

日本軍の上層部の特徴

・現場を押さえつける「権威主義」
・現場の専門家の意見を聞かない「傲慢さ」

一方の米軍は、軍人が知らない科学技術でも、成果につながる可能性に気づき、多くの科学者に自主性・自立性を確保した研究環境を与え、彼らに能力を最大限発揮させることでベストの成果を期待しました。

日本とアメリカは組織としての「現場への基本姿勢」があまりにも違いました。残念ながら、日本軍が勝てなかったのも無理からぬことかもしれません。

まとめ

あなたが「知らない」という理由だけで、現場にある能力を蔑視してはいけない。優れた点を現場に見つけたら自主性・独立性を尊重し、最大・最高の成果を挙げさせる。

失敗の本質

15

現場を活性化する仕組みがない

現場、最前線がまったく理解できない中央部

ビジネスシーンでも、「現場のことがわからないトップ」は大変多く指摘される課題です。小さな組織でも、現場の意識や状況とトップの認識がかけ離れていることもあるくらいです。

社員が数百人、あるいは数万人規模になれば、当然最前線の感覚と全体戦略を束ねる中央部との乖離が生まれてくるはずです。

昭和二〇年の敗戦まで、軍は「日本最大の組織」であったと言われています。

「作戦をたてるエリート参謀は、現場から物理的にも、また心理的にも遠く離れており、

現場の状況をよく知る者の意見がとり入れられなかった。したがって、教条的な戦術しかとりえなくなり、同一パターンの作戦を繰り返して敗北するというプロセスが多くの戦場で見られた」（『失敗の本質』／2章より）

大本営と最前線の物理的、心理的距離の「遠さ」は、さまざまな悲劇を生み出します。

米海軍トップの「現場活用法」

太平洋の向こう側に存在した、もう一つの巨大な組織、米軍。彼らは現場を把握するためにどのような対策を取ったのでしょうか。

米海軍が最前線の緊張感や実情を作戦本部に取り入れた方法を、合衆国艦隊司令長官兼、作戦部長であったアーネスト・キング元帥の人事システムより紹介しましょう。

キング元帥は、中央の作戦部員と最前線の要員を一年間前後で次々と交替させました。過酷な最前線を体験したスタッフを、中央作戦部に引き戻して活躍させる仕組みです。

キング元帥の人事システムのメリットをまとめると、次のようになります。

・優秀な部員を選抜できる（中央だけでなく最前線の優秀な人材も発見できる）
・たえず前線の緊張感を作戦本部に導入できる
・作戦策定に特定の個人のシミがつくことがない
・意思決定のスピードアップが可能になる

これなら「最前線の緊迫感・切迫感」が中央部に伝播しないわけがありません。血を流している数多くの友軍を救いたい一心で、最前線から中央部へ戻った作戦部員のスタッフは、前線を把握して侵攻作戦を推進する大きな原動力になったのです。

米軍が追求した、戦果につながる人事システム

『失敗の本質』では、米海軍の作戦展開の迅速さを支えた人事的要因も説明しています。例えば、次の二点です。

①有能な者の能力をフルに発揮させ、かつ知的エネルギーを枯渇させない人事を採用

空母部隊指揮官としてウィリアム・ハルゼー、レイモンド・スプルーアンスという二人

の提督を、一定期間で交替させた上に、指揮官が交替すると艦隊名も変更しました。同一の艦隊であるにもかかわらず、ハルゼーが指揮をとる場合は第三艦隊、スプルーアンスが指揮をとる場合は第五艦隊として、現場の緊張感を保ち続けました。

②実戦で優秀さを証明した少数の者に、重要な仕事を集中させて成果を極大化した

前述のキング元帥は「組織を活性化するには、各自に精一杯仕事をさせることが重要である」(『失敗の本質』/2章より)と考えており、実戦で結果を出した少数の優秀な者に、できるだけ多くの仕事を与えるのがいいと考えていたようです。

同時に、人間は疲れるのでいつまでも同じ仕事を与えるのも弊害があり、その人間の能力の最良の部分を活用できるようにローテーションを実施していたようです。

米軍は効率を重んじる人事システムを考案し実行したことにより、

・作戦の策定、準備、実施の各段階における迅速さ
・現場を正しく反映した意思決定

などの成果を発揮し、作戦展開を日本軍側より遥かに速く、効果的に推進したのです。

日本軍と米軍の人事システムの違い

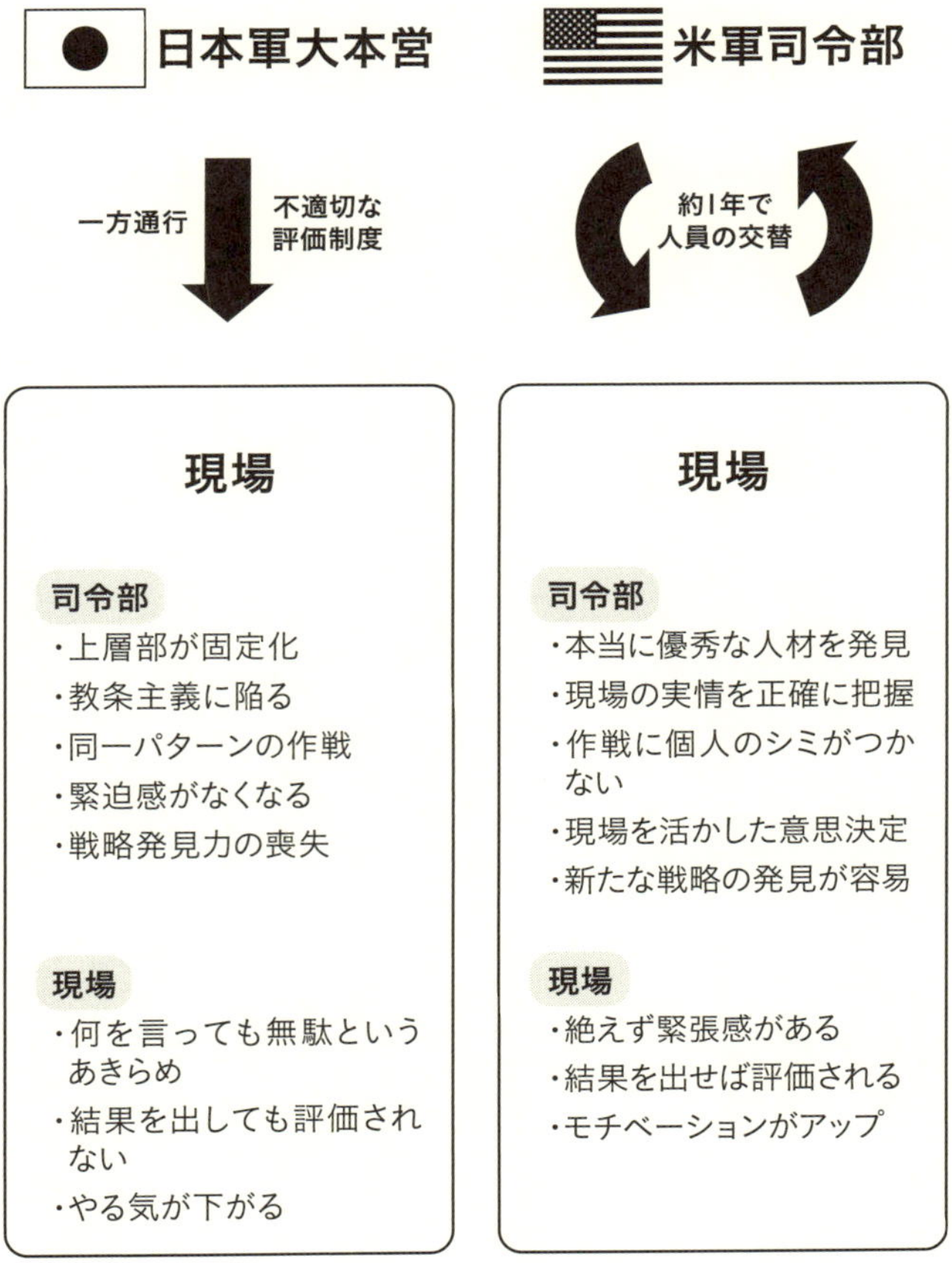
日本軍大本営
米軍司令部
一方通行
不適切な
評価制度
約1年で
人員の交替
現場
司令部
・上層部が固定化
・教条主義に陥る
・同一パターンの作戦
・緊迫感がなくなる
・戦略発見力の喪失
現場
・何を言っても無駄という
あきらめ
・結果を出しても評価され
ない
・やる気が下がる
現場
司令部
・本当に優秀な人材を発見
・現場の実情を正確に把握
・作戦に個人のシミがつか
ない
・現場を活かした意思決定
・新たな戦略の発見が容易
現場
・絶えず緊張感がある
・結果を出せば評価される
・モチベーションがアップ

新戦略が生まれる場所とは？

日米軍の組織運営を対比するなかで、最も悲劇的な違いは「新たな戦略が発生する場」を日本の上層部、リーダーが完全に勘違いしていたことでしょう。

現場最前線での戦闘、そして組織内の隠れた優秀者を引き上げることで生まれる新しい発想。米軍の組織運営の基本は「新戦略を生み出す場」としての組織構成、人事を徹底追求することにあり、最前線を歩いた優秀な人間を本部に戻すことも、その一環です。

一方の日本軍は、戦地から遠く離れた大本営の中で「新たな戦略」が生み出されると勘違いしており、組織内で権威が常に「新たな意見と指摘」を押し潰してしまいます。

組織運営の最終目標は、変化に打ち勝つ新たな指標としての戦略を効率的に生み出すことです。堀参謀、スティーブ・ジョブズの経歴はともに現場最前線の体験と、正しい戦略思考の両輪で組み上げられていることからも、「新戦略が生まれる場所」こそ重要だということがわかると思います。

ま と め

米軍は作戦立案をする中央の作戦部員が、現場感覚と最前線の緊張感を常に失うことなく侵攻に邁進できた。現場の体験、情報を確実に中央にフィードバックし、目標達成の精度と速度をさらに高めていく仕組みをつくることが重要である。

失敗の本質

16 不適切な人事は組織の敗北につながる

勝てない提督や卑怯な司令官をすぐさま更迭した米軍

ガダルカナルは、帝国陸軍が初めて米軍と対峙し大敗北を喫した戦場です。この島の戦闘の陰では、決戦のため「お飾り人事」を徹底排除した米軍の指揮判断の見事さがありました。

米海兵隊がガダルカナル島への上陸を行ったあと、作戦に悲観的だったフランク・フレッチャー提督指揮下の第六一機動部隊は、補給品を半分陸揚げしたときに日本戦闘機の接近を知って、なんと島から撤退してしまいます。

第六二機動部隊のリッチモンド・ターナー少将はのちにこれを「主力戦力の脱走」と非難しますが、同海域に残った米豪混成の巡洋艦部隊は、日本の第八艦隊との戦闘で重巡洋艦四隻を撃沈、巡洋艦一隻、駆逐艦二隻損傷の大打撃を受けます。「これは米海軍としては、一八一二年以来の最大の敗北であった」（『アメリカ海兵隊』野中郁次郎／中公新書より）ようです。

フレッチャー提督は、三カ月後に解任され、のちに退役となりました。

ガダルカナル作戦の開始時、第一次、第二次ソロモン海戦では、局地戦闘では日本海軍は健闘しており、太平洋南西地区の司令官だったロバート・ゴームレー中将は、現地作戦侵攻の準備で手間取り、なおかつ極度の悲観論で司令部に敗北主義に近い報告を行いました。そこで、太平洋艦隊司令長官のチェスター・ニミッツ大将は、ゴームレーを猛将ハルゼー中将と交代させています。

ハルゼーへの交代効果は目覚ましく、彼はすぐさま現地に移動し精力的に活動、直ちに日本艦隊と決戦をするための計画を練り上げました。

勇猛果敢さから「ブル・ハルゼー（雄牛のハルゼー）」との敬称を受けていたハルゼー中将はその後、レイテ海戦ほか日本占領前後まで各作戦で活動を続け、米海軍の戦勝に大きく貢献した一人として、歴史に名を残しています。

軍人として合理的な判断力があり、勇猛果敢な行動力を持つ指揮官ではなく、日本軍との戦闘にいたずらな悲観論を持ち、現場把握力に欠けたゴームレーが米海軍の指揮をとれば、少なくとも日本軍側にとってかなり有利な状況が訪れたはずです。

第一次、第二次ソロモン海戦で、局部的な優勢を得ていた日本海軍が第三次では米海軍に押されたのは、ハルゼーが海戦に最新鋭艦の投入を迷わず決めたからであるとも言われています。たった一人の優れた人材配置が、ここまで大きく戦局を左右するのです。

評価制度の指標変更は、組織運営最大のイノベーション

「評価制度」は組織運営において、最大のインパクトを与えるイノベーションの一つです。「ブル・ハルゼー」が抜擢されたことで、米海軍全体が次のことを理解したからです。

①戦場で迅速な行動力と勝利への執念がある人物は高く評価される
②非効率で行動が遅く、成果を挙げない人物は降格される

明確な指針が浸透することで、評価される指標に合致する行動を全軍人が目指します。

フレッチャーやゴームレーの左遷は「無能であればクビにする」という組織の方針を明示したことにもなるのです。

米軍の人事評価指標と異なり、人事の指標で悪影響ばかり生み出したのが日本軍です。ノモンハン事件で多数の日本兵を犠牲にした辻政信参謀は予備役編入を免れ転出し、中央に返り咲いています。

ミッドウェー作戦敗戦後、草鹿龍之介参謀長の「敵討させてください」の懇願が聞き入れられ、南雲（忠一）・草鹿の司令官・参謀コンビをそのまま新編第三艦隊に留任させています。

無謀極まりないインパール作戦を主導、実施した牟田口《むたぐち》廉也中将は、のちに陸軍予科士官学校の校長に任命される始末です。

繰り返しますが、人事評価とは組織に対するメッセージです。

これでは、敗戦や無謀な作戦を立案・実行しても責任を取らなくて済む、と将校が認識しても不思議ではありません。

『失敗の本質』では、

「日本軍は結果よりもプロセスを評価した。個々の戦闘においても、戦闘結果よりはリーダーの意図とか、やる気が評価された。（中略）このような志向が、作戦結果の客観的評価・蓄積を制約し、官僚制組織における下剋上を許していったのである」（同書／２章より）

と指摘されています。慎重論を唱えた下士官や参謀は「やる気・意欲がない」という理由で左遷、更迭されています。

「無謀・無能でも勇壮で大言壮語し、やる気を見せるなら罪に問わない」というメッセージを関係者全員に発信するなら、組織内に無責任な失敗者が続出するのは当然です。

人事評価と人材配置は、それ自体が組織のメンバーに対して強い影響力を発揮します。なぜなら、組織を構成する人物が生み出した成果をどう評価して、その人物をトップがどう扱うかは、メンバー全員の関心事だからです。

人事評価と配置を「組織が発する重大メッセージ」であると捉えれば、日本軍内に無謀・無責任極まりない参戦立案をする人物が増えていったこと、その一方で合理的思考を持ち、慎重論を唱える人物が減っていった理由も容易に想像できるでしょう。

日本軍の人材を評価配置する指標自体が、無謀極まる指揮官・参謀を多数育てる温床になったのです。

日本軍と米軍の「人事・評価制度」が組織に及ぼす違い

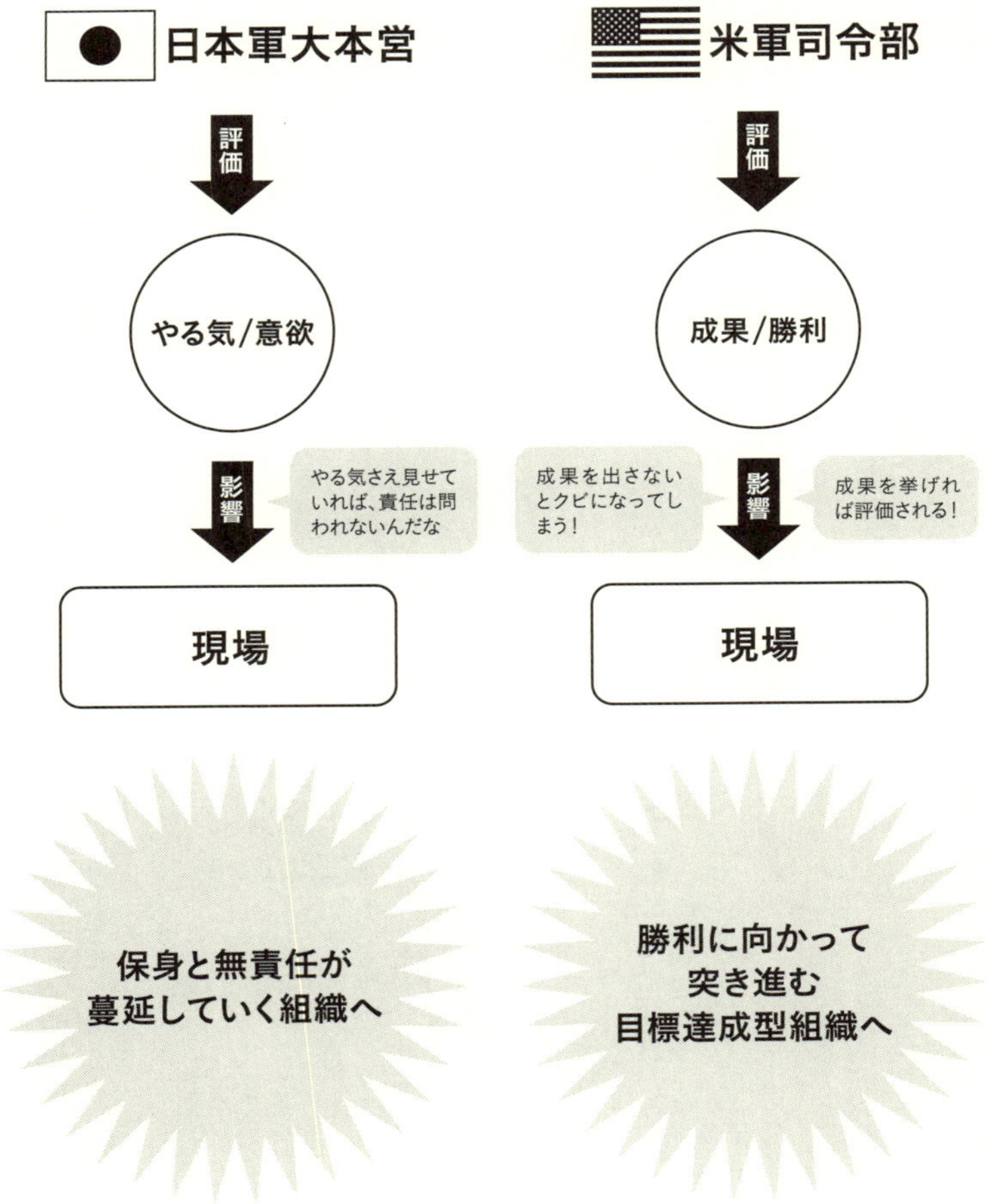
日本軍大本営
評価
やる気/意欲
影響
やる気さえ見せていれば、責任は問われないんだな
現場
保身と無責任が蔓延していく組織へ
米軍司令部
評価
成果/勝利
影響
成果を出さないとクビになってしまう！
成果を挙げれば評価される！
現場
勝利に向かって突き進む目標達成型組織へ

米軍が目標達成へ向けて一直線に突き進めた理由

信賞必罰をできなかった日本軍が「愚かさの芽」が大きく育つのを放置したのに対して、米軍は人材評価指標の課題点を見事に克服して、勝利へ一直線に進みました。

サイパン戦では第二七歩兵師団長ラルフ・スミス少将を戦意不足という理由で戦闘中に解任し、真珠湾で大打撃を受けた基地司令官を軍事裁判にかけるなど、責任の所在をはっきりさせ、新たに大きな失敗が生まれる可能性を許さない姿勢を徹底させています。

米軍は現地指揮官に、部下の無能指揮官を罷免する人事権まで与えています。士気のない、作戦の成功を邪魔する指揮官を即座に排除するためです。

日本軍では、第一線の高級指揮官に人事権が与えられておらず、無能な指揮官の交代を陸軍省に上申するだけで、正式な発令があるまで指揮権を奪うことはしませんでした。

明らかに無能でも、日本軍内では現地第一線に留まり続けてしまうことができたのです。

これでは、無能指揮官の部隊に所属する日本軍兵士はたまったものではありません。

米軍はドワイト・アイゼンハワー、ニミッツなどトップ人事を含め、第二次世界大戦で

「徹底した能力主義」を貫いており、戦争の勝利という目標達成へ向け、一直線に組織の全力を発揮させる体制を敷いていました。

組織内に存在する「人事・評価制度」は、組織の性格や能力を規定し、目標達成を邪魔する要因をつくり上げることもあれば、有効に設計し運用することで、目標達成へ一直線に進む、強力な組織を生み出すこともできるのです。

プロジェクトごとにリーダーを選出する仕組み

戦時体制下で、米軍が新たな作戦ごとにプロジェクトのトップを決定する方式を採用していたことと比較し、日本軍側では平時の階級体制そのままで各作戦の指揮系統を決定しています（日露戦争では開戦後、すぐに人事を戦時体制に切り替えた事例がありながら、大東亜戦争では切り替えなかった）。

このような新規に発生するプロジェクトごとにベストのリーダーを選出するというシステムは、すでに日本国内でも一部の大企業で取り入れられており、プロジェクトが完了すると、チームも解散し元の部署に戻るような柔軟な運用をしているケースがあります。

ニミッツが考案した少将の人事評価制度が、『失敗の本質』２章で紹介されています。

・継続して六カ月以上、巡洋艦以上の艦長経験を積んだ大佐を対象とする
・その中からまず海軍省人事局が適格者を選ぶ
・次に九人ないし一一人の将官で構成する昇進委員会の投票が行われる
・投票結果を海軍長官、作戦部長、作戦部次長、人事局長、航空局長そのほかが合議
・合議で四分の三以上の賛成で昇級が決定する

この人事評価制度に対して、ニミッツは次の二つのメリットがあることを指摘しています。

①選定プロセスに感情が入り込む余地を排除したので、選ばれた者は結果に自信を持つ
②選ばれなかった者も、次の機会に希望を持って能力向上に励むことができる

これは、現代ビジネスにおける三六〇度評価のシステムに極めて近い人事評価制度です。

すでに述べてきたように「優れた人材」を最適な場所に配置することは、戦場の勝敗に

直結する最重要要素です。そして「○○という部分に優れた人材」を抜擢するという、人事評価の指標を明示すれば、組織内で「○○」の指標に優れた人材を増殖させる効果があります。

評価指標を正しく切り替えることが、組織運営のイノベーションであるゆえんです。

人事は組織の限界と飛躍を決める要素である

優れた人材配置が組織の可能性を押し広げることに対して、「お飾り人事」が組織の限界を狭め、敗北をつくり出すことが、日米の戦史からもわかります。

実務的な成果や、能力以外の要素で人材を配置することにより、社内から見た都合を一部優先させることができたとしても、社外に待ち受けている問題、課題は、そのような「内側の都合」を一切考慮してくれません。

お飾り人事には相応の理由もあるので、改善するのはとても難しいという指摘もあるでしょう。しかし、「売上を向上させる」「組織を活性化する」「会社の危機を救う」のはもっと難しいはずです。

「勝つ側は必要な行動を行い、負けた側はその理由を述べるだけ」という言葉があります。

できない理由を上手に説明しても、会社が勝てるようにならないのは、まさに警句の指摘する通りです。不適切な人事の放置は、組織全体の大敗北につながる危険性がある一方、正しい人事は組織を飛躍させる最強の武器にもなるのです。

まとめ

厳しい課題に直面していたら、「お飾り人事」を徹底排除し、課題と配置人材の最適化を図ること。能力のない人物を社内の要職に放置すれば、競合企業を有利にさせる以外の効能はない。

第６章

なぜ「真のリーダーシップ」が存在しないのか？

勝利の条件を間違った司令部の大罪

失敗の本質

17

自分の目と耳で確認しないと脚色された情報しか入らない

珊瑚海海戦のあと、米軍がすぐに対応した二つのこと

一九四二年五月の珊瑚海海戦は、日本軍と米豪連合軍が戦った海戦ですが、戦術レベルでは被害艦艇数において日本軍が勝った戦闘だといわれています。

この海戦はミッドウェー作戦の約一カ月前に起こりましたが、米軍側は被害状況から、航空戦闘に関して重要な二つの対応をしています。

①海軍は生き残りの戦闘機隊エリートであるジョン・サッチ、エドワード・オヘア、ノエル・ガイラーという三名のパイロットを本国海軍航空局に呼び出し、情報と意見の開陳を求めた

②軍戦闘機を製造しているグラマン社の社長である、ルロイ・グラマン自ら真珠湾に飛び、珊瑚海海戦で零戦と戦った米軍パイロットにインタビューをした（試作中の新型戦闘機の馬力等性能に、このときのインタビューが参照された）
（『零式艦上戦闘機』学習研究社より）

①の対応は最前線の兵士（パイロット）を中央に呼び、直接意見の開示を求めていることになります。前線兵士の生の声を、海軍航空局のお偉方が聞く機会を持ったのです。

②ついては、戦闘機製造会社の経営トップが零戦と戦ったパイロットから詳しい話を聞くために、最前線に近い南の島まで自ら足を運んだことを意味します。

これは日本軍の組織と対比すると、本当に驚くべきことだと感じられないでしょうか。

現場から直に情報収集を行い、米海軍航空局はＦ４Ｆの性能向上と増産を決定、新型機Ｆ６Ｆの量産時期を早めることも迅速に決めます。ルロイ・グラマン社長自らの情報収集で、開発中の新型機の性能向上も行われました。

現地が直面している課題に対するアンテナの感度が、日本軍とはあまりにも違っていたのではないでしょうか。

珊瑚海海戦からしばらくは、米軍当局の判断により「零戦との一対一の対決」は米軍パイロットに禁止されていたほどですが、その後急速に米軍側は戦闘機の性能向上を実現させていきます。最前線で兵士から直接集めた情報・意見は米軍機の適切な性能向上に大きく寄与したことでしょう。

トップが危機に対して果断に最前線に飛び込み、正確に解決策を追求する姿勢が、日米においては決定的に違っていたのです。

現代の激戦地とは、最も利益が期待できる市場

『失敗の本質』で紹介された六つの作戦は、いずれも戦争における激戦地ですが、現代ビジネスにおいては「最も利益が期待できる、あるいは利益に関わる場所」が最前線だということができるでしょう。

重要なポイントは、トップあるいはリーダーが、この瞬間に最前線が直面している問題を、どれだけ正確に把握できているかです。

机上の空論や、当初の想定、都合のいい思い込みは、最前線の厳然たる事実の前に簡単に打ち砕かれるでしょう。グラマン社のルロイ社長が「うちの戦闘機が日本製に負けるわけがない！」と過信して真珠湾まで駆けつけなかったら、零戦の優位はさらに続いていた

はずです。

しかし、ルロイ社長は激戦地にこそ「新たな戦略（指標）が生まれる」ことを熟知していたのでしょう。彼は「新たな戦略（指標）」を発見できる場所まで自ら足を運び、グラマン社は零戦を窮地に陥れる新型戦闘機を最速で生み出すことになったのです。

正確な情報はトップには届かない

一九六〇年代、アメリカで第九位の多国籍複合企業だったＩＴＴのトップ、ハロルド・ジェニーンは複数の階層を持つピラミッド型組織について二つの危険性を指摘しています。

①「縄張り意識」「派閥主義」により、誰もが自分の義務と責任以外に無関心になってしまう。組織全体を考える人物がいなくなり意思決定は遅れ、新たなアイデアも殺す

②重要な情報が組織内で濾過・要約されて、トップには概略しか届かない。いざ誰かの失敗で危機が発生した時には、最高経営者がフィルタリングされた情報しか持たず、状況を十分知っていないのでどう対処していいのか判断できなくなる

（『プロフェッショナルマネジャー・ノート』ハロルド・ジェニーン著／プレジデント書籍編集部編／プレジデント社より）

皆さんもすでに御存知の通り、日本軍はハロルド・ジェニーンの指摘する二つの問題点を両方とも持っている、極めて官僚機構的な硬直化した組織でした。

現地・最前線の実情が、常に何重ものフィルターを通したあとでしか伝わらなければ、トップが正確な判断をすることはほぼ不可能です。

ガダルカナル作戦で行われたように、派遣された辻政信参謀が現地の実情を大本営に報告するスタイルでは、辻参謀という人物の都合やフィルターにより、現地の情報が恣意的に脚色されるか、都合のいい形で報告される危険性が常に付きまといます。

大本営は戦争の終盤まで本当の意味で戦地の実情を理解できない組織だったようですが、その要因は「歪んだ情報しか収集できなかった」官僚機構の仕組みにあるかもしれません。

トップの行動力は組織の利益に直結する

トップが最前線を正確に把握することは、ビジネス組織の利益に直結するポイントです。

ユニクロ（ファーストリテイリング）の柳井正会長兼社長は、国内・海外のユニクロ店舗の実情を非常に正確に把握していることが著書やインタビュー記事などから伺えます。理由は、やはり柳井社長本人が現場に足を運ぶという原則を重視しているからでしょう。

全米に二〇〇店舗以上のチェーンを持つあるＦＣ企業の経営者は、月の半分を各地の店舗を「一般客として訪問する」ことを日課にしているそうですが、訪問後問題があれば、すぐさま該当の店舗担当マネジャーに問題点の改善指示をしているそうです。

トップが激戦地（最前線）を自分の目と耳で確認する五つのメリット

①情報が階層にフィルタリングされて、歪んだ形でしか伝わってこないことを避ける
②決定権者が最前線の問題を直接知ることで、改善実施のスピードが段違いに速くなる
③誤った情報を基に、不適切な対策を続けている状態を見破る機会となる
④問題意識が一番鋭い人物が現場に足を運ぶことで、新たなチャンスを発見する
⑤現場のスタッフとの意思疎通と、最前線の優れたアイデアをトップが直接検討できる

日本軍と米軍における「情報収集」の違い

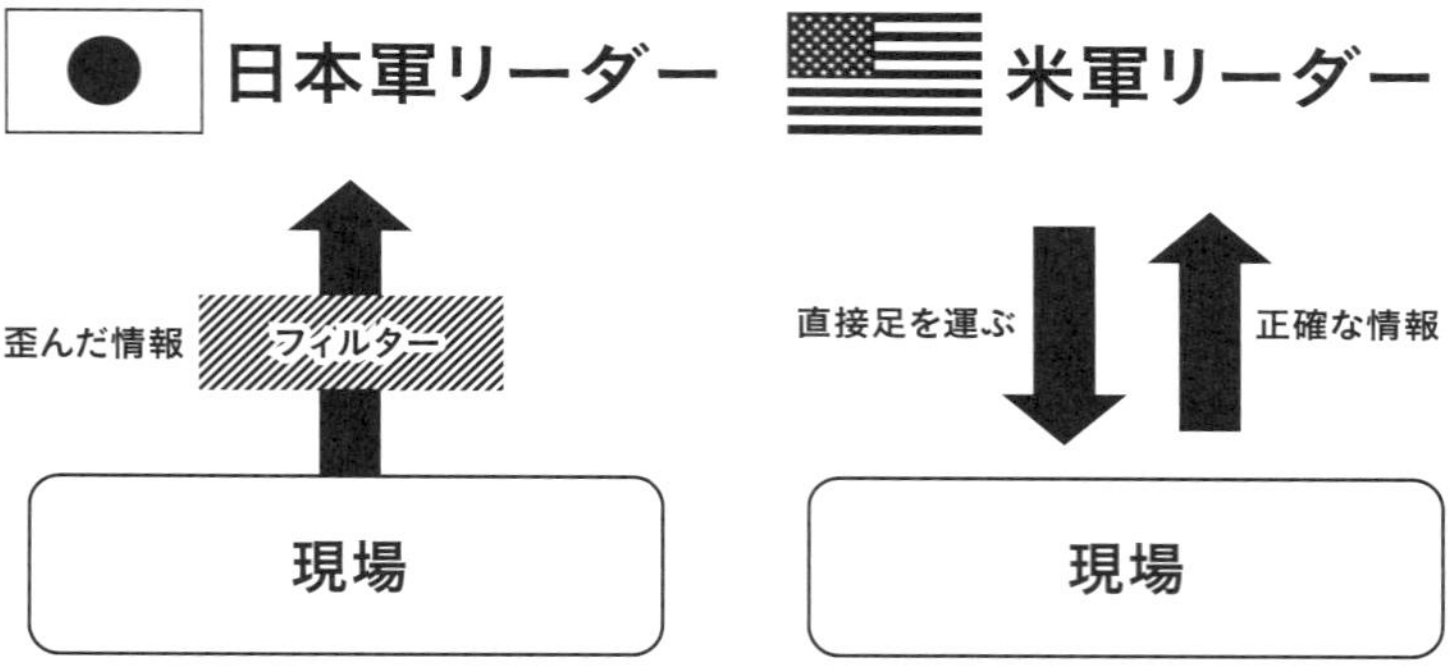

**縄張り・派閥等から
都合よく脚色された
情報しか入らない**

**正確な情報から
新しい解決策(指標)
が生まれる**

・ガダルカナル島の視察など、フィルタリングされ誤った情報により大打撃を受ける

・零戦との一対一対決禁止
・F4F性能向上を実現
・F6F量産時期を早める

五つのメリットを御理解いただくと、トップが激戦地（最前線）を常に自分の目と耳で確認することが、いかに組織の利益に直結しているかわかります。

米軍は兵器改善等において、常に最前線の声を重視しました。多くのトップが自ら足を運び、戦っている前線兵士とコミュニケーションを重ねたのです。

戦後復興期に、日本企業では多くの経営者が、自ら海外の市場開拓を行いましたが、トップが最前線（一番売りたい市場）に足を運んだことは、日本企業の製品が戦後驚くべき勢いで海外市場を席巻したことと、無関係ではないと思います。

まとめ

組織の階層を伝ってトップに届く情報は、フィルタリングされ担当者の恣意的な脚色、都合のいい部分などが強調されていることが多い。問題意識の強さから、優れたアンテナを持つトップは、激戦地（利益の最前線）を常に自らの目と耳で確認すべき。

失敗の本質

18 リーダーこそが組織の限界をつくる

チャンスを潰す人の三つの特徴

『失敗の本質』から推測できる、チャンスを潰す人物の特徴を三つ挙げてみましょう。

①自分が信じたいことを補強してくれる事実だけを見る
②他人の能力を信じず、理解する姿勢がない
③階級の上下を超えて、他者の視点を活用することを知らない

ノモンハン事件でも「信じたいこと（願望）」を補強してくれる事実のみを拾い上げて、逆に自分たちの思い込みに反する現実、兆候を示す情報は、ことごとく無視しています。

ミッドウェー作戦において「米空母の出現は同島攻略のあと」とほぼ勝手に決めている様子も、現実を厳しく直視するよりはむしろ、願望を固く信じ込む態度に似ています。

海軍の暗号が解読されているのではという疑問、指摘は大戦中に日本軍内でもたびたび出ていましたが、海軍側は「大丈夫」の一点張りでした。

ガダルカナルで、辻参謀と意見対立した川口清健《きよたけ》少将を罷免する上層部。インパール作戦や沖縄戦で、合理的な思考から作戦に対して寄せられた指摘、問題点をことごとく無視する上官たち。

このような重大な人的問題は、勝利を逃すだけではなく、避けることができたはずの大敗北を生み出すなど、たびたび日米戦闘の勝敗を分けることになっていきます。

リーダーとは「新たな指標」を見抜ける人物

自己の権威や自尊心、プライドを守るために、目の前の事実や採用すべきアイデア、優れた意見を無視してしまうリーダー。

このような人物は、最終的には自ら組織全体を失敗へ導いているのです。

最悪のリーダーシップとは、インパール作戦のように「この人にもう、何を言っても無駄だ」と部下に思わせてしまうケースでしょう。

日本軍は民間技術者や科学者を活用する場合でも、権威的な態度で接し、「言う通りに動けばそれでいい」という姿勢が随所に見られますが、新しい技術開発の可能性があっても、

・軍部に何を言っても無駄
・こちらからいい意見を出すのは無意味

という認識を関係者全員に与えてしまえば、日本軍自体が結果として技術的なイノベーションを逃し、勝利を遠ざけることになるはずです。

優れたリーダーとは、組織にとって「最善の結果」を導ける人であり、自分以外を無能と断定する人ではないはずです。

アイデアやイノベーションは、環境さえ整えれば、組織のあらゆる階層から生まれます。「上」の考えていることが一番正しいという硬直的な権威主義は、直面する問題への突破・解決力を大きく損なう誤った思想なのです。新たな指標としての戦略は、現場から生まれることが多く、リーダーはその価値を見抜く必要があるのです。

戦略を理解しないリーダーは変化できない

組織が発揮できる能力が、トップの優劣によって大きく左右されることは、大東亜戦争の日米軍を比較することで私たちが学べる最大の教訓の一つです。

・満蒙国境で多数の戦死者を出したノモンハン事件の、関東軍と辻参謀
・亜熱帯インド国境で無謀な山脈越え作戦を決行した、ビルマ方面軍と第一五軍司令官、牟田口廉也中将
・新兵器であるレーダーの開発を、信じられないほど軽視した日本海軍
・白兵銃剣主義の時代が終焉を迎えても、方針を撤回しなかった日本陸軍

リーダーが認識できる限界を組織の限界としたことで、悲惨な敗北が生まれたのです。

すでに説明してきましたが、日本軍内にも、日本人科学者の中にもさまざまな有用な指摘、貴重な改善案を進言する者がいました。

しかし「上から下へ」という日本軍の一方通行型のリーダーシップは、硬直的かつ権威

的な思考から抜け出せず、組織に内在していた優れた才能やチャンスをほとんど活かすことなく敗北を重ねていったのです。

失敗するリーダーに共通するのは、周囲の意見や目の前の現実を否定し、自己の意見や思い込みに固執しすぎてしまうことです。

直面している問題への「捉え方を変えない」のです。自分の意見を捨てないのです。成果を出せない間違った発想にひたすら固執するリーダーを更迭する仕組みがなければ、愚かな人物の誤った妄執が文字通り組織の「致命的な弱点」になってしまいます。

突きつけられたくない極めて厳しい質問ではありますが、エゴよりも成果・結果を重視するリーダーならば、この質問を自らに何度も問わなければいけないでしょう。

「私自身が、組織の限界となっているのではないか」と。

日産リバイバルプランは誰がつくったのか？

二兆一〇〇〇億円という巨額の負債。重大な経営危機にあった一九九九年の日産自動車に、フランスのルノーからカルロス・ゴーンが最高執行責任者（COO）として就任しました。

「日産リバイバルプラン」とは、同氏が掲げた日産自動車の事業再生プランの名称です。

当時、日産社内の各部門の中間管理職を横断的に組織した、クロス・ファンクショナル・チームは社会的に非常に有名な言葉にもなりました。

クロス・ファンクショナル・チームとして集めた人材を九つの分類で区分し、各チームを束ねるパイロット（リーダー）が任命されました。

書籍『カルロス・ゴーンが語る「5つの改革」』（長谷川洋三／講談社）によると、ゴーンはこの九人のチームパイロットを役員食堂に招き、こう言ったそうです。

「日産が今必要としている改革とは何か。結果を恐れず、革新的な提案をしてほしい。パイロットの提案は直接、日産の最高意思決定機関であるエグゼクティブ・コミッティーで検討する」

各パイロットはゴーンの強い熱意と本気を感じ、社内の人間を集めて何度もミーティングを重ね、リバイバルプランの骨子となるアイデア、改善提案を全社から懸命に集めます。

奇跡のV字回復を生んだプランの骨子は、社内の知恵を必死で集め生み出されたのです。そして、カルロス・ゴーンはアイデアに対して「実行の方向性を与える」役割を果たしました。

ゴーンと新生日産自動車は、たった四年で二兆一〇〇〇億円の負債をすべて返済し、低迷していたシェアを二〇％にまで引き上げる驚異のV字回復を成し遂げています。

奇跡的なV字回復を果たした改善プランの骨子が社内の人間から生み出されたことはいったい何を意味するのでしょうか。

日産自動車という集団が、もともと必要な能力を内部に持っていたということです。リーダーが柔軟に組織の全能力を引き出したことで、大躍進が成し遂げられたのです。

愚かなリーダーが「自分の限界」を組織の限界にする一方で、卓越したリーダーは、組織が持つ可能性を無限に押し広げて勝者となるのです。

まとめ

愚かなリーダーは「自分が認識できる限界」を、組織の限界にしてしまう。逆に卓越したリーダーは、組織全体が持っている可能性を無限に引き出し活用する。

失敗の本質

19

間違った「勝利の条件」を組織に強要する

間違った「勝利の条件」を基に部隊を送り出すと

私たちは、普段から「何かを手に入れるための条件」を理解したつもりになっています。たいていの場合、望む結果のために「必要な条件」を必死になって集めることになるのですが、もしあなたが現在努力している「必要な条件」が間違っていたらどうでしょう。

強権を持つリーダーが「間違った勝利の条件」を基に部隊を戦地に送り込めば、派遣された部隊は前線で悲惨な運命をたどることになります。

・ガダルカナル作戦では、実際は一〇倍近い米海兵隊が大火力で待ち構えているにもかかわらず、大本営の確認不足により、少数で急行することを現地軍は要求された

・インパール作戦の牟田口司令官は、最前線の兵士に「食料がなくても弾薬がなくても戦える」と叱咤したが、結果的には補給のほとんど届かない最前線では戦死者より餓死者が多かった

・沖縄戦では、現地軍が効果的に進めていた内陸部抗戦を、大本営の航空戦力至上主義により飛行場奪回の戦闘へ転換させて、無駄に兵力を損耗し沖縄陥落を加速させた

これらの事例は「最前線における勝利の条件」を完全に誤認した、間違ったリーダーが正しい修正を行うことをせず、現地部隊に作戦を強要することで起こった悲劇です。

沖縄戦の八原博通参謀のように現地の実情を正しく分析した上で「勝利の条件」の誤りを喝破できた人物が、日本軍の最前線にはどれほど存在していたでしょうか。

日本軍上層部は一貫して現場からのフィードバックを受け入れず、上から下へ指揮に終始し「誤った勝利の条件」を振りかざし続けることで、現地軍を破滅に追いやる戦闘を何度も繰り返します。

強制的に押しつけられた勝利の条件が間違っていれば、最前線の日本兵がどれほど勇戦しても勝てません。リーダーや上層部が勝利の条件を誤認している状態が、組織全体の敗

北を決定してしまったのです。

正しいと信じたことで倒産寸前になったエアライン

現在はユナイテッド航空に経営統合されましたが、一九九〇年代後半に優良航空会社であったコンチネンタル航空は、ゴードン・ベスーンという人物がＣＥＯとなるまで、倒産寸前かつ消費者評価の極めて低い航空会社となっていました。過去二度倒産をしており、三度目の倒産も確実と言われていたほどです。

ゴードンは自身が入社する前のコンチネンタルについて、スコット・ヒューラーとの共著『大逆転！』（仁平和夫訳／日経ＢＰ社）でこう語っています。

「私が入るまえのコンチネンタルも、当然、成功をめざして頑張っていた。ただ、ひとつのことにしか目を向けていなかった。それは、コストだった。コスト削減を最優先したため、従業員の給料は哀れなほど安く、商品は目もあてられないほどお粗末になった。これでは成功への道が開けるはずはない。（中略）まさに骨身を削り、死ぬほど頑張っても、成功のカギを発見できなかった理由はここにある。成功のカギはコストではなかったからだ」

「成功のカギではなかったコスト」の政策によって、ゴードン着任時には同社の従業員は疲れ切っており、努力を続けても賃金は下がり、同僚はクビになり、成果は見えてこないことで誰に対しても疑心暗鬼の状態でした。「間違った勝利の条件」を抱えたリーダーに従った結果、現場は疲弊し、勝利の可能性は消え、やる気を完全に失っていたのです。

ゴードンはコスト削減を唯一のゴールとする方針を改め、航空会社として当然の二つの要素を目標として新たに掲げました。

①機内の清潔さ

②便の到着時刻を正確にする（以前は遅延が常態化していた）

結果はどうなったでしょうか。業界が奇跡と呼ぶ回復を達成し、一九九六年には航空雑誌『エア・トランスポート・ワールド』が主催する賞「エアライン・オブ・ザ・イヤー」を受賞、一九九七年には六億ドル以上の利益を記録しました。

当然、コンチネンタル従業員の士気も急激に高まりました。

ゴードンはエアラインに一番求められている要素を正確かつ精密に理解したことで、「勝利の条件」を正しく訂正したのです。それだけでコンチネンタルは勝者となりました。

では、コンチネンタル航空を、三度目の倒産危機に追い込んだ犯人はいったい誰だったのでしょうか。「間違った勝利の条件」を現場従業員に押しつけ続けた、前任経営者と上層幹部だったのです。

優れたリーダーは「勝利の条件」に最大の注意を払う

リーダーや権威者が「こうすれば勝てる」と命令を下した上で部隊（部下）を最前線に送り込んだにもかかわらず、現地でどれほど奮戦、勇戦をしても勝つことができない場合、どんなことが引き起こされるでしょう。

ひとことで言えば「混乱と無力感」です。現地、現場の心理的動揺も生まれます。

「社員が努力しないから、頑張らないから成果が出ない」と大変厳しいことを言う経営者、リーダーの方が時々いますが、その経営者の方が社員に押しつけている「勝利の条件」が本当に正しいものであるか、大いに疑問を持つところです。

混乱と成果のなさを生み出しているのは、実は経営者自身が社員全員に押し付けている

「間違った勝利の条件」こそが理由かもしれないのですから。

「勝利の条件」とは、原因と結果という意味で因果関係だと表現することもできますが、非常に明確な現象に適応されるものから、私たちがほとんど無意識レベルで決めている意識していない「勝利の条件」もあると思われます。

あなたが信じる「勝利の条件」は、本当に正しく機能しているでしょうか？

愚かなリーダーとして、強権的な経営者が間違った条件を部下に押しつければ、組織と従業員は混乱し負け続けることになります。日本軍の大本営が現地部隊に間違った勝利の条件を強要することで、現地部隊の奮戦・勇戦も虚しく悲惨な敗北を続けたようにです。

まとめ

「間違った勝利の条件」を組織に強要するリーダーは集団に混乱を招き、惨めな敗北を誘発させているだけである。求める勝利を得るためには、「正しい勝利の条件」としての因果関係に、繊細かつ最大限の注意を払うべきである。

失敗の本質

20

居心地の良さが、問題解決能力を破壊する

過酷な環境で生き残る組織とは

どうすれば皆さんの組織が「成果獲得型集団」になれるでしょうか？

平時には成果をしっかり出し、変化に遭遇すれば、最大限の柔軟性を発揮して変化を乗り越え、新たな均衡をつくる、理想の成果獲得型組織になる方法とは。

まずは逆に、組織が変化に弱くなる、弱体化する要因から考えてみることにしましょう。

左記は『失敗の本質』3章で引用されている、日本軍の組織がいかに平和時に安定していたか、という指摘です。

日本軍人（陸海軍）は、

・思索せず
・読書せず
・上級者となるに従って反駁する人もなく
・批判をうける機会もなく
・式場の御神体となり
・権威の偶像となって
・温室の裡に保護された
（『太平洋海戦史』高木惣吉／岩波新書より）

まるで、現代日本のどこかの組織内情を暴露しているような印象を抱かないでしょうか。

しかし、「永き平和時代には上官の一言一句はなんらの抵抗を受けず実現しても、一旦戦場となれば敵軍の意思は最後の段階迄実力を以て抗争することになるのである」（前出『太平洋海戦史』より）という点も忘れるべきではないはずです。

組織内部に所属する人間から見れば、右記の組織構造や気質は「安心できる」のひとことであるかもしれませんが、「一旦戦場となれば敵軍の〜」という言葉のように、異なる環境と意思を持った敵と激突した場合、「居心地ばかりがいい」組織が、大きな変化を伴う過酷な環境で生き残れるか、大いに疑問です。

所属する人間を過度に保護する組織ほど、外部の環境変化や時代の転換点には脆弱であるということなのでしょう。

不均衡を創造する、自己革新型組織の特徴

『失敗の本質』では、自己革新型組織の原則として「安定という均衡状態に変化を与える」ことを指摘しています。

組織に緊張を創造すること

①客観的環境を主観的に再構成あるいは演出するリーダーの洞察力
②異質な情報・知識の交流
③ヒトの抜擢などによる権力構造のたえざる均衡破壊

前述の「平和時の日本軍人（陸海軍）」を反転させてみましょう。

日本軍人（陸海軍）は、

・思索を行い
・読書をして
・上級者となっても反駁する人がおり
・批判をうける機会を常に持ち
・式場の御神体とならず
・権威の偶像ともならず
・風雨の激しい現場に駆り出される

これらは、変化に対応するために、安定的な均衡を突き崩す性質の条件であるといえますが、所属する人間に冷徹でむき出しの現実と直面することも求めています。

「居心地のいい安定を許さない仕組み」ともいえる、危機感を維持できる環境とは、不均衡を仕組みとして意図的に組織内に発生させ、その不均衡を、新たなよりたくましい均衡へ変換できる組織ということになるのでしょう。

最前線のパイロットに戦果を確認する若き名参謀

日本連合艦隊の壊滅的な敗北が決定したミッドウェー作戦で、唯一生き残っていた空母「飛龍」の山口多聞《たもん》司令官は、米空母「ヨークタウン」を大破させるという戦果を挙げますが、爆撃で飛行甲板が使用不能になると、総員退却を命じ、山口司令官自らは「飛龍」の艦長である加来止男《かくとめお》とともに艦と運命を共にしました。

レイテ海戦では、台湾沖航空戦で日本軍側が大戦果を報告しながら、米第三艦隊は実際にはほとんど損耗がなかった誤報事件が起こりましたが、戦果に疑問を投げかける情報を大本営に送っていたのが陸軍参謀の堀栄三です。

堀参謀の著作（前出『大本営参謀の情報戦記』）には、御本人がマニラ行き飛行便を待つ途中で「台湾沖航空戦が始まる」との報を受けたときのことが書かれていますが、指揮所の主任将校に尋ねたところ、「空襲警報である以上何ともしようがない上に、沖縄付近に低気圧があって、この分では南方行きは二、三日は無理だから、今夜は旅館で泊ってくれ」と告げられたそうです。

陸軍の新米参謀であった堀参謀は、何と答えたでしょうか。

「俺は大本営の情報参謀だ！　こんな大戦争が近くで行われているときに、どうして旅館でごろごろしていられるか、どんなボロ飛行機でもいいから鹿屋《かのや》まで何とかしてくれ！」

こう叫んだそうです。新米でありながらも、戦法研究を通じて危機感や使命感を強く持っていた堀参謀は、どうしてもじっとしていられなかったのでしょう。

日本航空機部隊が帰還する鹿屋の海軍飛行場まで飛び、自身で戦果の確認をして「台湾沖の航空戦の戦果は怪しい」と確信します。

その後あまりに米軍上陸タイミングを当てることで、堀氏は「マッカーサー参謀」と呼ばれる陸軍の名参謀となりますが、「問題への使命感」「危機感」「覚悟の強さ」が堀参謀の問題解決力を強く支えていたのではないでしょうか。

使命感と危機感は、日本海軍随一の猛将と言われた、山口司令官にも共通します。

成果を挙げる集団となるためには「楽しくないこと」にあえて真正面から正対しなければいけないときがあるものです。

見たくない問題への正対を組織に課すリーダーが必要な理由はここにあります。

九州・鹿屋海軍飛行場で堀参謀は、帰還してきた味方パイロットへ戦果の確認をするために「聞きにくいことを聞き」「言いにくいことを伝える」役割を果たしています。

誰かが厳しい立場で成果を確認し、言いにくい事実を伝えなければ、真の問題解決に近づくことができないのです。最前線での堀参謀の行動は、直面する問題への覚悟の強さとともに、都合の悪いことをオブラートに包むような安易な居心地の良さを打破する大切さを、私たちに教えてくれています。

まとめ

「居心地の良さ」とは正反対の、成果を獲得するための緊張感、使命感、危機感を維持できる「不均衡を生み出す」組織が生き残る。指揮をとる人間には「見たくない問題を解決する覚悟の強さ」が何より要求される。

第7章

なぜ「集団の空気」に支配されるのか？

集団感染がつくり出す不可思議な非合理性

失敗の本質

21 場の「空気」が白を黒に変える

なぜ誤った判断に集団感染するのか

『失敗の本質』では「空気の支配」について言及しています。

日本軍内では主要な作戦計画、実施の段階で発生していく空気にその場の議論が支配され、合理的な判断ではなく、空気が示した結論に対して反駁できない状況が繰り返されました。

日本海軍が建造した史上最大の戦艦「大和」は、四六センチ主砲を備え、その射程距離は約四万二〇〇〇メートルという桁外れの最新鋭戦艦（当時）でしたが、味方航空機の護衛なく沖縄へ出撃し、米戦闘機三〇〇機以上の波状攻撃を受けて壮絶な最期を迎えます。

軍事的には無謀であった「大和」の沖縄出撃について、小沢治三郎中将は「全般の空気よりして、当時も今日も（「大和」の）特攻出撃は当然と思う」と述べました。

沖縄戦の準備段階、兵団配置について抗議をするため八原博通大佐が台北で会議に参加しますが、同じ沖縄基地の長勇《ちょう》参謀長による「第三二軍司令官の意見書を提出したのちは、軍司令官に固い決意である旨を発言し、沈黙を守ることが全般の空気を軍に有利に導く」との命令を実行し、意見書を会議の席上で披露したのちは、沈黙を守り通しました（ただし、兵団配置の交渉は沖縄に不利に終わった）。

一体「空気」とは何なのでしょうか。

「空気の支配」により合理的な判断ができなくなる状態は、過去の日本軍にだけ存在し、私たち現代日本人はきちんと克服できたのでしょうか。

空気に浸食され、誤った結論に集団で同意してしまう場面が現代にないと言いきれるでしょうか。ここでは「空気」の正体について考えてみたいと思います。

オセロの白が一瞬ですべて「黒」に変わる

ロングセラーとなっている『「空気」の研究』（山本七平／文春文庫）に、興味深い事例が出てきます。

海軍の伊藤整一長官と三上作夫参謀が、「大和」の沖縄特攻について交わした会話です。伊藤長官は作戦検討の過程で醸成された「空気」を当初知らないため、当然のごとく反対します。

軍人から見れば「作戦として形を為さない」ことは明白だったからです。しかし、反対していた伊藤長官は、三上参謀の次の言葉で「空気」を理解するのです。

（三上参謀）「陸軍の総反撃に呼応し、敵上陸地点に切りこみ、ノシあげて陸兵になるところまでお考えいただきたい」

（伊藤長官）「それならば何をかいわんや。よく了解した」

まるでボードゲームのオセロで、白の石がすべて一瞬で黒に変わるような瞬間です。合理的な思考から当然の反対を唱えていた伊藤長官は、まさに「空気」を理解しただけで一瞬のうちに結論を一八〇度変えてしまいます。

さまざまな可能性を空気が切り捨てる

この短い会話をどのように解釈するか、さまざまな見解があると思いますが、白か黒かをある一点の議論で染め抜いてしまい、本来白と黒が混在しているはずのものを一瞬にして一色に変えてしまったことは事実です。

三上参謀の発言は「兵士が犠牲になっても大和特攻でその精神を見せるべき」という意図があると推測されますが、本来「大和の沖縄出撃」は、海軍とその乗組員が敢闘精神を発揮する、というだけの問題ではありません。

「大和」の沖縄出撃という大問題は、さまざまな要素を含んでいたはずです。海軍のメンツや覚悟もあったのでしょうが、他の要因「兵員の生命」「作戦成功率の問題」なども当然存在したはずです。

沖縄戦で台北会議に出席した八原大佐に、長参謀長が「意見書を開示したのちは沈黙を固く守ることが空気を軍に有利に導く」と指示しますが、この意図は「台北側の兵団要望を一切議論しない、沖縄に兵団が必要であることの一点張り」のための空気醸成なのではないでしょうか。

本来、八原大佐は兵団配備に対する沖縄の重要性の「割合」を正しく主張すべきだったのでしょうが、長参謀は「他を圧する空気」が欲しくて指示を出していたのでしょう。

体験的学習の文化が誤認を助長する

『失敗の本質』でも何度も出現する空気の醸成は、次の二つの悪影響を発揮しています。

①本来「それとこれとは話が別」という指摘を拒否する
②一点の正論のみで、問題全体に疑問を持たせず染め抜いてしまう

牟田口廉也中将は、インパール作戦を「個人的な意向から」絶対に実施したいと何度も周囲に圧力をかけますが、本来一人の指揮官の個人的意図が、作戦実施の「理由」として何割を占めるべきものでしょうか。軍事合理性がほぼ一〇〇%であり、指揮官一人の想いなど、考慮すべき問題ではないはずだとわかります。

きっかけは別として空気の醸成で行われることは、問題の全体像と主張の影響の比率を考慮することを止めさせてしまい、「一点突破全面展開」のように、たった一個所から類推を拡大し、一つの正論の存在で結論全体を決めつけてしまうことがわかります。

いくつかの発言を調べると、辻政信参謀は正論居士の傾向が見られますし、インパール

作戦の牟田口中将の主張にも、小さな正論はいくつか含まれるはずです。最大の問題は、作戦実施の可否に対して、本来極めて小さな正当性しかないこと（残りの九九％は別の要因で決断されるべき）を利用して、問題への疑問を封殺し結論を押し切ってしまうことです。

不祥事の隠蔽がニュースとなるとき、「特殊な空気に包まれてしまった」という述懐がよく行われますが、この場合「空気」は何かしらの説得的な効果を持って、不祥事を公表するより「黙っておいたほうがいい」と集団に思わせたということになります。

本来適切に行われるべき議論を封殺するのは、「空気」の得意技というところでしょうか。これは仮説ですが、空気はおそらく日本人の「体験的学習の文化・習慣」に深く関連していると思われます。

私たちは、ある一つの事象を見て「全体像を類推する」ということをよく行います。座敷に上がる際に、脱いだ靴の揃え方で相手の性格を断じることもあるかもしれません。逆に、身なりがきちんとしていることで、相手の行動を詳しく確認せずに「信頼できる人物」と思い込んでしまうこともあるでしょう。

本書では、戦略のことを「追いかける指標」と定義しています。目の前の出来事に対して追いかける指標を理解していないにもかかわらず、体験的学習から特別な発見を導き出して「一点突破全面展開」を行う傾向が日本人にあることをこれまで説明してきました。

同様に「何が正しくて間違いであるか」を論じる基準がないことで、一点その議論を突破されると、関係の薄い全体像まで同じ結論だと誤認させられているということです。

「海軍将兵が陸兵になる覚悟を決めたのだから、大和特攻は当然である」と同じ理屈です。

議論の「影響比率」を締め出させるな

「空気」が意図的に（悪意を持って）醸成される場合、おそらく体験的学習の延長線上にある「連想」を利用して、全体像を大幅に誤認させるのを狙うことになるでしょう。

靴の揃え方が悪い、という一点の事実のみから、極めて優秀な実績を叩き出しているビジネスマンを「出世させてはいけない人間」と断じることもできます。

逆に、「聞こえのいい正論」をたった一つ連呼するだけで、実績ゼロで利権のことしか考えていない政治家が当選してしまう。正しくは「それとこれとは話が別」であるはずの問題を、体験的学習の連想（イメージ）を悪用して、すべて一色に染め上げることが設計されているのです。

悪意を持って「空気の醸成を狙う」者が、大げさに振り回したテーマが、問題の全体像にとって何割程度の重要性を持つか、常に冷静に考えるべきでしょう。

議論の「影響比率」を締め出させるな、と書きましたが、本来その問題が正しいか間違っているか判断すべき基準として、影響する比率が一％にも満たないことを取り上げて、問題自体を一方的に決めつけてしまう空気の醸成は、断固見破らなければならないのです。

「空気の正体」を理解して打ち破る知恵

日本人が得意とする「体験的学習」は、それ自体が悪ではなく、適切な形で適用されるならば、大変有用な技能です。前出の『「空気」の研究』では、ある公害病の事例が出てきますが、当時の科学技術では原因となる物質との因果関係が断定できず、対策が後手になる事態を招きます。

しかし、当事者は早くから原因物質を疑っており、最終的には関係者が考えた「直感的因果関係」が正しかったことになりました。体験的学習は、理論よりも先に（気がつかずに）正解にたどり着くことがあるのです。

ところが「判断基準」がない中で正解を経験的に導き出す「体験的学習」の文化や習慣

は、意図的に誘導されると、議論する問題自体と「誘導」の大きなギャップを埋めてしまい、合理的な判断や議論自体をそこで締め出してしまう効果があります。

体験的学習の文化の中で生きる私たち日本人は、その習慣を刺激する形で「一点の正論」を突破されると、問題全体の正誤を著しく間違った方向へ誘導されてしまうのです。

歴史的事実として、大東亜戦争開始時には、戦争に反対する日本人より、戦争に肯定的だった日本人のほうが多かったことが指摘されています。

「醸成された空気」の危険性を見抜けず、日本人が合理的な議論を放棄して盲信してしまった事実は、大いに反省すべき点です。これからの日本と日本人は、「空気の欺瞞」を打ち破らなければならないことを肝に銘じるべきです。

まとめ

「空気」とは体験的学習による連想イメージを使い、合理的な議論を行わせずに、問題の全体像を一つの正論から染め上げてしまう効果を持つ。議論の「影響比率」を明確にし、意図的な「空気の醸成」が導く誤認を打ち破る知恵を身につけるべき。

失敗の本質

22

都合の悪い情報を無視しても問題自体は消えない

「正しい警告」を無視する、麻痺状態だった日本軍

日本軍の作戦過程で何度も出現した「空気」について理解するために、現在経営学などでも指摘されている、集団が誤った結論に飛びついてしまう要素を、ここでは考えてみたいと思います。

「多くの警告的な情報」を封殺していく日本軍は、アメリカの社会心理学者アーヴィング・ジャニスが提唱した「グループ・シンク（集団浅慮）」の状態に陥っていたとも考えられます。疑問を唱えることを自己抑制し、自分たちは絶対に大丈夫だと楽観的な幻想を持っていたのです。

・都合の悪い情報を封殺して無視する
・希望的観測に心理的に依存していく

敗戦が色濃くなるにしたがって、さらにこの傾向は増していきます。

方向転換を妨げる四つの要素

過ちを認める、プロジェクトの正しい方向転換を妨げる危険な心理的要因として、日本軍の作戦経過から四つの要素を導くことができます。順に解説していきましょう。

①多くの犠牲を払ったプロジェクトほど撤退が難しい

労力、コストをすでに費やしたプロジェクトが、実は「不適切」であったことが途中でわかったとき、私たちはそれを潔く止めることができるでしょうか。

いざ当事者となった場合、あなたは英断を下すことができますか？

書籍『組織行動の「まずい!!」学』（樋口晴彦／祥伝社新書）では「サンク・コスト」（埋没費用＝Sunk Cost）という概念で、多くの犠牲をすでに払ってしまったプロジェクトを休止することがいかに難しいかを解説しています。

サンク・コストとは、簡単に言えば投下してしまったがすでに回収が不可能だとわかったコストです。

この本では、英仏で共同開発された超音速旅客機コンコルドの例を引き合いに出しています。

最高速度マッハ2・0、パリ―ニューヨーク間がわずか三時間四五分。鳥のくちばしのような尖端を持つ旅客機です。人類初の超音速旅客機の開発は、途中多くの不都合なことが判明しました。

コンコルド計画の開発実施後に判明したこと

・計画スタートは一九六二年だが、機体開発が予定より遥かに遅れた
・開発費用が当初見込みを大幅に超過することが判明した
・販売見込みに対しても、数字上の疑問が提示された
・航空ビジネスが旅客の大量輸送へとシフトしつつあった
・コンコルドは旅客わずか一〇〇人で燃費も非常に悪く、新しい時代にそぐわない

開発の中途段階で、計画の収支について改めて試算がされましたが、なんと今すぐ開発を中止して違約金を支払うほうが、開発を続けた場合よりも損失額がずっと軽微で済むという結論が出ることになります。

しかし、極めて否定的な結論を「否定して」計画は続行されました。

莫大な追加資金が投入され、一九六九年に機体が完成。採算ラインは二五〇機であるにもかかわらず、たった一六機を国営航空会社向けに納入後、一九七六年には製造中止になりました（途中で指摘された通り売れなかった）。

「不採算」「時代遅れ」とわかった時点で、苦渋の決断でも撤退することこそ正解だったのです。最終的に当初の五倍にも開発費用が膨れ上がり、計画を中止しなかったことでさらに巨大な赤字を生み出しました。

これは、ギャンブルで今までの負けを取り返すために、さらにお金をつぎ込んでしまう心理に似ているかもしれません。

ノモンハン事件、インパール作戦当時の戦略立案関係者が、実際にどのような心理状態であったかを知る術はないのですが、推測される典型的なケースとして、「これほど味方兵力をつぎ込み、多大な犠牲者を出したのだから、この戦闘に勝つ以外に道はない（今さら撤退できない）」という心理に陥っていたのではないでしょうか。

作戦関係者は、「埋没費用」を惜しむあまり、失敗の過程で無謀を指摘されても「ここまで犠牲が増えたら勝つまで！」という心理的バイアスから最後まで抜け出すことができなかったのかもしれません。

②「未解決の心理的苦しさ」から安易に逃げている

問題が未解決のまま、対策を見つけていない状態には、ある種の心理的苦しさがともないます。

そこから一旦、集団において何らかの合意が得られると、結論を再度懸念する相手に対して「今さら蒸し返すな」という心理が働くのは、ごく自然なことかもしれません。

しかし、議論も結論も、最終的に追求すべきはベストな解決策、ベストな結果を生み出すことです。

求めているのは、集団あるいは担当者の心理的平和ではありません。議論を避ける、一度出した結論を強硬に擁護することは、「再度の不安定状態」を避けたいという心理的な圧力が生み出した危険な態度、行動である可能性を理解すべきでしょう。

③建設的な議論を封じる誤った人事評価制度

指揮官が、戦場で無謀な判断をすることへの罰則がない場合、無謀な「人事的判断」を誘発するのは止めることができません。

また、インパール作戦の牟田口司令官が、過去同一作戦を無謀と判断したことに対して「あまりに消極的態度だった」と反省している点は、作戦成果や戦略的見地ではなく、自らの人事評価を懸念した思考だと考えることもできます。

同様に「異論」「疑問」を差し挟む人物を左遷や降格させるなら、誤りが明白な案でさえ、反対を表明させない組織的な圧力を増幅させることになります。

米軍上層部は実戦で優れた成果を出した者を昇進させて勝ち、日本軍上層部は上司と組織の意向を汲んだ者のみを要職につけたことで負けたのです。

アメリカの開発者たちが、軍人と激論を交わしてまで開発した新兵器は、戦場で多くの米兵士の命を救いましたが、米軍関係者が民間研究者に「求める成果を追求し実現する」ことを唯一の評価指標としたことが、開発チームの能力を最大限引き出すことになったのです。

④「こうであってほしい」という幻想を共有する恐ろしさ

集団の和を特に尊重する文化である日本では、集団の空気や関係性を重視するあまり、安全性や採算性よりも、関係者への個人的配慮を優先し、グループ・シンクの罠に陥るケースが多いようです。

しかし「綱渡り」がいつも成功するとは限りません。本来わかっていた正しいことを無視することで、最後は大きな問題を引き起こしてしまうかもしれないのです。

一九八六年にアメリカのスペースシャトル「チャレンジャー号」が打ち上げ途中で爆発事故を起こし、七名の乗組員すべてが亡くなった事故では、低温により不具合を引き起こす可能性のあるOリングについて技術陣から事前に指摘がされていました。それでも関係者からのプレッシャーで打ち上げは行われ、悲劇的な大事故を生み出したのです。

「状況が実態より良いようなフリをすることは、最終的にはほぼ確実に破滅につながる」

この言葉は前出の書籍『なぜリーダーは「失敗」を認められないのか』の一節ですが、打ち上げ当日の低気温でも、リスクのあるOリングには問題が起こらないのではないかという希望的な幻想を集団全体で共有したことが、NASAの宇宙開発史上最も悲劇的な事故を発生させることになったのです。

方向転換を妨げる4つの要素

1
すでに多くの
犠牲がある
埋没費用を惜しみ、さらに悲劇を増大させる
2
未解決の
心理的苦しさ
合意後は、「今さら蒸し返すな」という気分になる
方向転換
（過ちを認める）
3
誤った
人事評価制度
愚かな判断を罰せず、指摘を無視できる状況では暴走する
4
幻想の共有
安全性や採算性より、関係性を配慮するグループ・シンクに陥る

情報を封殺しても問題自体は消えない

「不都合な情報を封殺しても、問題自体が消えるわけではない」

この指摘は正常な心理であればごく当たり前の道理です。ところが特定の状況はあなたに「事実を無視する、もみ消す強い誘惑」を生み出すのです。

しかし、集団あるいは個人がグループ・シンクやサンク・コストの罠から抜け出せず、すでに破綻しているプロジェクトを停止させずに突き進めば、行き着く先は「壊滅的な結果」であることは、日本軍の悲惨な作戦結果も証明している厳然たる事実です。

作戦立案に関係した人物たちの錯誤から、日本軍は多くの戦場で受け入れがたいほどの血を流し、言葉では表現できないほどの悲惨な局面を生みました。この歴史から何を学ぶか、今まさに問われているのではないでしょうか。

グループ・シンクや埋没費用について理解する限り、影響下にある人物や集団は「結論ありき」の議論をする傾向があるとわかります。

「最良の結果」を目指した議論ではなく、すでに存在する結論を守ることが目標になっているのです。

わずかでも、あなた自身の中に「結論に固執する」執着があると気がついた場合は、マイナスの心理的影響下にあるのではないかと疑うことが重要です。

グループ・シンクや埋没費用の悪影響下で、自身の結論を強固に防衛した場合、あなたは歪んだ原因から発生した心理的欲求を満たすことには成功します。

これは明らかに「空気が醸成されている」といえるかもしれません。必要な決断の全体像と、議論されている問題の比率が大きく歪んでいるのですから。

危険な兆候や懸念があれば、その話題が問題の全体像を決めつけるだけの圧倒的な影響比率を持つのか冷静に指摘すべきです。

グループ・シンクや埋没費用が生み出す「空気」を打破し、集団全体の目を大きく開かせる。あなたの勇気ある行動が、会社組織や集団全体を救うことになるのです。

まとめ

情報や正しい警告を受け入れなくとも、問題自体は消えることはない。グループ・シンクやサンク・コストの心理的罠にどれだけ早く気づき、方向転換できるかが組織の命運を決める。

失敗の本質

23

リスクを隠すと悲劇は増大する

日本人が間違えやすい「リスク管理」

『失敗の本質』が私たちに指摘してくれた概念の中で、比較的認知度が高いものの一つに「コンティンジェンシー・プラン」（万一を想定した計画）があります。

なぜ、この概念が『失敗の本質』の中で強調されているのでしょうか。

おそらくその理由は、日本軍の思想と行動の弱点が、現代の日本人にもそのまま受け継がれている要素の一つであるからだと思われます。大東亜戦争において日本軍はコンティンジェンシー・プランを幾度も無視し、作戦の悲劇を増幅させました。

一九八四年に『失敗の本質』の初版が世に出た際にも、おそらく日本人と日本社会はコンティンジェンシー・プランの不備で多くの事故や悲劇を体験していたのではないでしょうか。それから約三〇年も経過した、現代の日本人はどうでしょう。

万一を想定したリスク管理と対策を「行わなかった」ことでいまだに悲惨な事故を引き起こし、被害を増幅させてしまった悲しいニュースを耳にしています。

「日本人はリスク管理において、あのときから何も変わっていない」。大変悲しいことですが、厳しく結論せざるを得ない気がします。

リスクを隠すことで、損害は劇的に増えていく

『失敗の本質』で分析された日本軍のように、コンティンジェンシー・プランのない状態が招く二つの悲劇とは、

①損害を劇的に増やす
②新たな損害を自ら生み出す

ということでしょう。日本軍は悲劇を何度も繰り返しながらも、「リスク」への姿勢を改善しませんでした。具体例を挙げてみましょう。

・ミッドウェー作戦では、暗号が米軍に解読されている可能性を一切否定し、作戦内容がほとんど筒抜けだった。なおかつ日本海軍側が「ミッドウェー島を攻略する前に」米空母が出現する可能性を検討しなかったことで、作戦指揮の優先順位を即断できず、大敗北を喫することになった
・ガダルカナル島に米軍最初の上陸が確認された際、大本営陸軍部は米軍反攻が一九四三年以降という、自らの希望的観測を根拠として、敵を偵察部隊程度の少数だと断定。わずか二〇〇〇人の一木支隊にガダルカナル島の奪回を命じ、部隊全滅の悲劇に（現実は米海兵隊の一万三〇〇〇人に対して九一六人が投入）
・インパール作戦で、補給の計画をほとんど行わずに進軍。敵の反撃を受けながらも、武器弾薬、食料が尽き、日本軍の中には石つぶてを投げて攻撃をした部隊もあった。戦死者約三万人、その大多数が餓死という惨状を招く
・防弾、防火思想のなさ。零戦は言うに及ばず、日本海軍の空母も防弾・防火装備がほとんどなく「敵の爆弾に当たる」ことで容易に誘爆、火災を起こしてしまった

「〇〇である可能性」「〇〇が起こってしまう可能性」を一切否定することで、作戦の計

画（希望的仮定）が一部でも狂うと、とたんに悲劇的な惨状を呈しています。

当然に存在するリスクを無視することは、計画自体を極めて脆弱なものにすることが、日本軍の失敗事例からもおわかりいただけるのではないでしょうか。

実際に起こらなくても得はしていない

書籍『熊とワルツを』（日経BP社）の著者であり、プロジェクト管理の専門家であるトム・デマルコは、想定されたリスク、危険性が「何も対策をせず」結果として発現しなかった状態を「リスクをかわす」と表現しています。

幸運にも「リスクをかわすことができた」場合、対策のコストや労力もかからないことで「リスク隠し」は得をしたのでしょうか？　残念ながら違います。

プロジェクトが脆弱であることに一切変わりがありません。むしろ「リスク隠し」のまま
リスクを偶然かわせたことは、次回以降のリスク発現性を逆に高めてしまいます。

例えば、日米の空母でも、リスク対策の違いは歴然としていました。

日本軍空母

防弾・防火装備がなく、敵の爆撃、魚雷をすべて避けないと生還できない。

米軍空母

防弾・防火装備が施され、数発の爆撃、魚雷を受けても生還できる。

空母におけるリスクは「敵の攻撃に被弾するかもしれない」ことです。そのリスクが存在すると認めるか否かは大きな違いです。

一回目の作戦において、偶然日本軍空母がすべての攻撃をよけることができたとして（リスクをかわした）、次回以降の出撃でも空母の脆弱性は同じです。次も当然、敵弾を避けられると考えれば、日本軍空母が撃沈される可能性はむしろ高まります。

終戦まで、日米どちらの空母とその乗組員が活躍し、生き残る確率が高いでしょうか。

リスクをあらかじめ公表・周知させることは、次の二つのメリットを生み出します。

①リスクとされている事象に注意を払う人が増える
②リスクを理解していることで、不意打ちを避けられる

空母に敵弾が当たる可能性を認めるように、リスクを公表・周知させるメリットは大きく、企業製品による事故、リコール等の問題でも、可能な限り早いリスク公表・リスク周知が、第二第三の事故と連鎖被害を確実に防ぐことにつながるのです。

リスクを考慮しないと最終目標までたどり着けない

コンティンジェンシー・プランの概念において、「最終目標までたどり着けるかどうか」という判断基準は、極めて重要な意味を持つと思われます。

自動車を運転する人であれば、間違いなく任意保険に加入しているはずです。なぜなら、万一人身事故を起こした場合、賠償金が数千万円以上になることもあるからです。

二〇代から「自動車を運転しながら保険がない」状態で運転を継続したと仮定します。今年無事故であったことは「リスクをかわす」ことができたということです。

しかし、残りの人生で四〇年程度運転を続ける場合、いつ事故が起こるかわかりません。

「幸せかつ平和な人生を引退までまっとうする」ことを目標とした場合、無保険での自動車運転は恐ろしく脆弱性が高い状態です。一度大事故を起こせば、最悪で一家離散の状態に追い込まれることもあるからです。極めて勘違いされがちな点ですが、

日本軍と米軍における「リスク管理」の違い

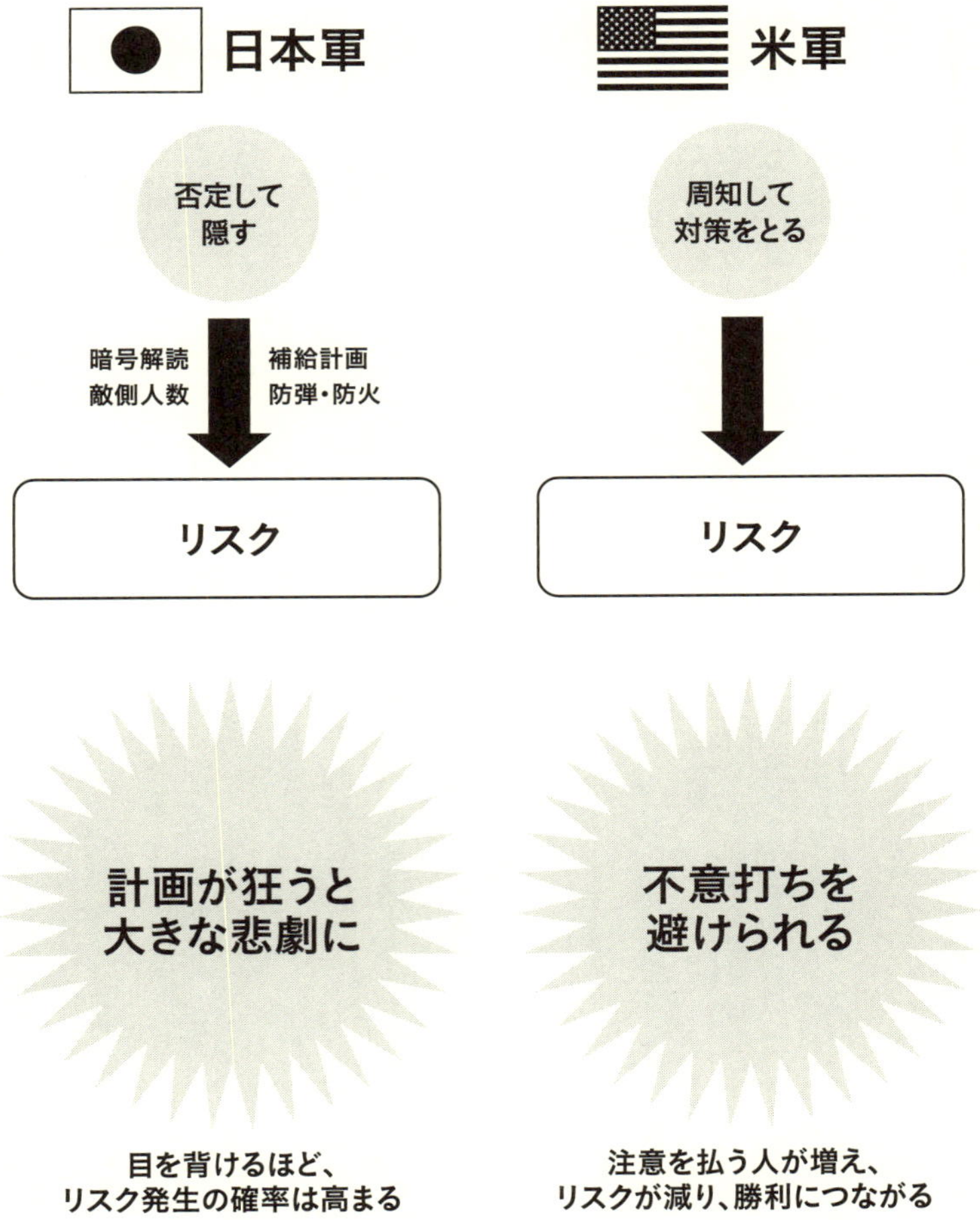
日本軍
否定して
隠す
暗号解読
敵側人数
補給計画
防弾・防火
リスク
計画が狂うと
大きな悲劇に
目を背けるほど、
リスク発生の確率は高まる
米軍
周知して
対策をとる
リスク
不意打ちを
避けられる
注意を払う人が増え、
リスクが減り、勝利につながる

①安全運転に努めること
②保険をかけること

この二つの行動は、意味がまったく異なります。

「保険をかけること」は、万一事故が起こっても、あなたの人生が破綻することを避ける状態をつくり上げていますが「安全運転に努める」行動には、その効果はありません。二つの対応は似た印象を受けますが、事故発生後の結果は完全に違います。

企業・ビジネスに関わるリスク問題では、「食中毒」「設備安全性」などがよくニュースとなりますが、衛生管理がされていない状態でありながら、食中毒が起こっていないというのは、単純に「リスクをかわしている」だけであり、リスクの対策を取っていることとはまったく異なります。

「必勝の信念を鈍らせる」ことを理由に、万一の事態を想定し対策を取らないのは「保険をかけると安全運転をしなくなる」から自動車保険に加入しないと主張するのと同じです。

日本軍は起こり得る可能性としてのリスクから目を背けて進軍した結果、残念ながら、作戦成功という最終目標までたどり着くことがついにできなかったのです。

ＪＡＸＡ「はやぶさ」の快挙を成し遂げた背景

リスク管理で「一部が失敗したプロジェクトまで救える」ということを示す好例として、ＪＡＸＡ（日本宇宙航空研究開発機構）の小惑星探査機「はやぶさ」による世界初の快挙が挙げられるでしょう。

約七年間かけて六〇億キロもの宇宙の旅を完遂し、小惑星「イトカワ」の微粒子を地球に持ち帰った「はやぶさ」は、当初設計された機能がすべて完璧に作動したことで、途方もない距離の宇宙を往復できたのではありませんでした。

- 太陽光パネルの劣化
- 姿勢制御機能の一部喪失
- 機体燃料の漏えい
- 幾度かの通信途絶
- イオンエンジンの不調など

「はやぶさ」は、設計された当初機能のいくつかを、過酷で長い宇宙空間の旅の中で喪失しています。ところが、喪失をリカバリーできる機能・対策を行い、すべてが完全でなかったにもかかわらず、世界初の快挙を成し遂げたのです。

偉大な快挙を成し遂げた背景には、トラブルが発生しても最終目標に到達するための徹底したコンティンジェンシー・プランがあったのです。

耳に痛い情報を持ってくる人物を絶対に遠ざけない

愚かなリーダーや意思決定権者の中には、「耳に痛い情報」「都合の悪い可能性」を警告する人物を遠ざけるという、極めて危険なことを行ってしまうケースがあります。

これらの人物は、サーカスで綱渡りのロープ下に、安全用セーフティネットを張らない「言い訳を正当化するため」に、必要な安全策を進言した人物を左遷したりします。

最終的に、このようなリーダーの周囲には「都合のいいこと」「ごますりやお世辞」しか口にしない人物のみが残り、正しい警告をする人物は去っていくでしょう。

これでリスクが高まらないはずがありません。

コンチネンタル航空で奇跡の再建に成功したゴードン・ベスーンはこう述べています。

「私は機長だから、真実を告げることをためらわない人しか雇わない。本当のことを言うより、機長のご機嫌をとるほうが大事だと言われたら、すぐにパラシュートで脱出する人を雇う。真実に目をつぶらず、自分の判断を信じ、黙っていろと言われても黙らない人を雇う」（前出『大逆転！』より）

ゴードンCEOのように、リスクには次のように対応すべきでしょう。

・最大限迅速に「早く」対応する
・何より「真実」を正確に把握する
・リスクを隠すのではなく「周知徹底」することで予防につなげる

戦争当初、日本人の多くは「戦争擁護派」だったと指摘されています。戦争肯定の「空気」が醸成されると、物事の根本を合理冷静に議論することを止め、一つの方向性に突き進んでしまいました。

さらに、日本軍上層部はリスクを管理せず、自らの失敗を国民に隠し、大敗北だった後期の戦闘を国内には「勝利」とまで言い換えて伝えたのです。

『失敗の本質』という日本史上最悪の悲劇を分析した名著から学ぶべきは、今この時代に、私たち日本人全員が冷静で合理的な視点を保持することの重要性です。

組織のリーダーが、適切な企業理念を掲げることでリスクや危険性が大幅に減少する一方、耳触りな情報や不都合な真実を隠し、正しい警告を発する人物を遠ざける集団は、抱えている危険をさらに大きくしていきます。一時的に「リスクをかわす」ことでは、脆弱性自体はたった一ミリも改善されていないのですから。

それでは作戦に勝ち、最後の勝利までたどり着くことは絶対にできないのです。

まとめ

リスクは「目を背けるもの」でも「隠す」ものでもなく、周知させることで具体的に管理されるべきもの。ビジネスでは、リスクを「かわす」のではなく、徹底して管理しなければ、存続していくこと自体が難しくなる。

おわりに——新しい時代の転換点を乗り越えるために

現代日本人へのメッセージとしての『失敗の本質』

極めて広大な戦場と大規模な部隊。
体験的学習による意図せぬイノベーション。
練磨の文化による既存思想の最大威力化。
指標としての戦略を見抜く米軍の大反撃。
指標を切り替えるイノベーションの破壊的影響力。

「時代の転換点」とは、連なる変化が終わるときを指すのでしょう。
変化が終わるとき、あの時代の日本は敗戦を迎えました。

本書は、歴史から現代の日本人が、戦略やイノベーションの意味、現場を活かす組織論やリーダーシップを、新たな視点で学ぶことを目標としました。

しかしながら、振り返るとき、そこには「日本人論」が厳然として存在していることを認めざるを得ないと感じます。

極論を言えば、第一章から第七章まですべて「日本人論」そのものだと言えるかもしれません。

大東亜戦争と敗戦は、私たち日本人の歴史なのですから、ごく当然ではあるのですが、前半の快進撃から後半の苦戦と閉塞感、迷走まですべてが驚くほど現代ビジネスでの日本企業、日本人組織の課題と似ています。

各章で展開した議論や解説は、示唆の多くを名著『失敗の本質』から得ています。言うなれば、そびえ立つ最高峰に小さな梯子《はしご》を抱えて登り、頂上から周囲を眺めた視界だと表現できるかもしれません。

解読のために、多くの歴史書から最新のビジネス書までを併読する必要があったことは、『失敗の本質』の懐の深さを示すものだといえるでしょう。

読者の皆さんの中には『失敗の本質』を何度も読んだ方や、まだ読んだことがない方もいらっしゃると思います。本書で何かしらの示唆を得たならば、ぜひ再度『失敗の本質』を読み返してみることを強くお勧めします。

新たな発見に、きっと驚かれることでしょう。

偉大な名著の引用・解説をする本書の執筆を許可いただきました、ダイヤモンド社に、この場をお借りして深くお礼申し上げます。『失敗の本質』は日本人全員の知的財産と呼べる存在であり、今後も永く読み継がれる書籍であると確信しています。

また、本書の編集担当の市川有人氏には、執筆において多くの「素晴らしい問い」をいただき、それに応える形で本書を完成させることができたことを申し添えておきます。

最後に、六名の偉大な先生方へ、原著に学んだ生徒の一人として心より御礼申し上げます。

戸部良一先生、寺本義也先生、鎌田伸一先生、杉之尾孝生先生、村井友秀先生、野中郁次郎先生。先生方の高度な知的探求の結晶である『失敗の本質』があったからこそ、本書は価値ある議論と解説ができたと考えています。

『失敗の本質』は大東亜戦争で露呈した日本的組織の弱点を指摘する、極めて鋭い示唆を含んでいますが、究極の目標は私たち日本人が直面する「時代の転換点」を今度こそ見事に乗り越えて、新たな繁栄をつかむことだと信じます。

序章でも書いた通り、私たちには次の変化を乗り越える準備ができているはずです。『失敗の本質』は、そのためにこそ書かれているのですから。

歴史が現在に送り届ける教訓と願いは、この瞬間の閉塞感を打ち破ることでしょう。私たち現代日本人に宛てた大切なメッセージ、それが『失敗の本質』なのです。

鈴木　博毅

二〇一二年三月

［著者］
鈴木博毅（すずき・ひろき）
1972年生まれ。慶應義塾大学総合政策学部卒。ビジネス戦略、組織論、マーケティングコンサルタント。MPS Consulting代表。大学卒業後、貿易商社にてカナダ・豪州の資源輸入業務に従事。その後国内コンサルティング会社に勤務し、2001年に独立。戦略論や企業史を分析し、負ける組織と勝てる組織の違いを追求しながら、失敗の構造から新たなイノベーションへのヒントを探ることをライフワークとしている。わかりやすく解説する講演、研修は好評を博しており、顧問先にはオリコン顧客満足度ランキングでなみいる大企業を押さえて1位を獲得した企業や、特定業界での国内シェアNo.1企業など成功事例多数。ガンダムをビジネスに置き換えて解説したガンダム・ビジネス本シリーズは、楽しく組織論を学べる書籍として大いに話題を呼ぶ。著書に『ガンダムが教えてくれたこと』『シャアに学ぶ逆境に克つ仕事術』（共に日本実業出版社）、『超心理マーケティング』『儲けのDNAが教える超競争戦略』（共にPHP研究所）がある。

「超」入門 失敗の本質
日本軍と現代日本に共通する23の組織的ジレンマ

2012年4月5日　第1刷発行
2024年1月31日　第16刷発行

著　者――鈴木 博毅
発行所――ダイヤモンド社
〒150-8409　東京都渋谷区神宮前6-12-17
https://www.diamond.co.jp/
電話／03･5778･7233（編集）　03･5778･7240（販売）
装丁――水戸部功
本文デザイン――小林麻実（TYPEFACE）
写真提供――共同通信社、毎日新聞社、国立国会図書館
製作進行――ダイヤモンド・グラフィック社
印刷――堀内印刷所（本文）・加藤文明社（カバー）
製本――ブックアート
編集担当――市川有人

ISBN 978-4-478-01687-9